일식·복어 조리기능사
실기

박지형 편저

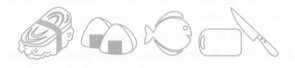

🌀 일진사

머리말

    일본은 지리적으로 매우 가까운 거리에 위치해 있어 닮은 듯 다른 문화를 가지고 있으며, 식문화 또한 비슷하면서도 다른 점이 많습니다. 우리나라 요리와는 달리 양념을 많이 사용하지 않고 재료가 가진 맛을 최대한 살려 담백하고 깔끔한 식탁을 만들어 왔으며, 화려한 기교로 만든 요리는 눈으로 먹는 요리라는 말이 들어맞을 정도로 모양새가 아름답다고 많이 알려져 있습니다.

    현재 일본 요리는 전 세계적으로 즐겨 선택되는 요리 중 하나로 인정받고 있으며, 다른 나라로부터 전해온 요리가 그들만의 독특하고 새로운 맛으로 창출되고 있습니다.

    복어에 독이 있다는 사실을 모르는 사람은 없을 것입니다. 그 담백하고 고급스러운 맛을 쉽게 잊을 수 없어 복어 요리는 많은 사람들에게 사랑을 받고 있습니다. 하지만 복어에는 테트로도톡신이라는 치명적인 독이 숨어 있으며, 과거에는 독이 제대로 제거되지 않은 복어를 잘못 섭취하여 사고를 당한 사람들이 종종 있었습니다. 그러므로 복어를 다루는 조리사는 반드시 제대로 교육을 받고 자격증을 취득하여 복어의 독에서 사람의 생명을 지켜낼 수 있어야 합니다.

    이 책은 일본 요리와 복어 요리를 구분하여 출제 기준에 따라 조리 기능사 자격증 취득을 위한 자세한 요령을 설명해 놓았습니다. 특히 요리 진행 순서에 맞게 과정 사진을 함께 수록하였고, 각 요리마다 중요한 요점을 기록하여 쉽게 기억할 수 있도록 하였습니다.

    이 책으로 공부하며 시험을 준비하는 모든 분께 합격의 영광이 함께 하길 바라며, 훌륭한 조리사로 만나게 되길 기원합니다. 출판에 애써 주신 도서출판 일진사 임직원 여러분께 진심으로 감사드립니다. 또한 본문 사진 촬영에 열과 성을 다하여 애써 준 남편 임정환과, 보이지 않는 곳에서도 항상 지지해 주고 격려해 주는 지인들에게 마음을 다하여 감사와 사랑을 전합니다.

저자 씀

출제 기준(실기)

직무 분야	음식 서비스	중직무 분야	조리	자격 종목	일식 조리 기능사	적용 기간	2023.1.1～2025.12.31

직무 내용 : 일식 메뉴 계획에 따라 식재료를 선정, 구매, 검수, 보관 및 저장하며 맛과 영양을 고려하여 안전하고 위생적으로 음식을 조리하고 조리기구와 시설관리를 수행하는 직무이다.

수행 준거 : 1. 위생 관련지식을 이해하고 개인위생·식품위생을 관리하며 전반적인 조리작업을 위생적으로 할 수 있다.
   2. 일식 기초 조리작업 수행에 필요한 칼 다루기, 조리 방법 등 기본적 지식을 이해하고 기능을 익혀 조리 업무에 활용할 수 있다.
   3. 준비된 식재료에 따라 다양한 양념을 첨가하여 용도에 맞춰 무쳐낼 수 있다.
   4. 준비된 맛국물에 주재료를 사용하여 맛과 향을 중요시하며 조리할 수 있다.
   5. 다양한 식재료를 이용하여 조림을 할 수 있다.
   6. 면 재료를 이용하여 양념, 국물과 함께 제공하여 조리할 수 있다.
   7. 식사로 사용되는 밥 짓기, 녹차밥, 덮밥류, 죽류를 조리할 수 있다.
   8. 손질한 식재료를 혼합 초를 이용하여 초회를 조리할 수 있다.

실기 검정 방법	작업형	시험 시간	1시간 정도

실기 과목명	주요 항목	세부 항목
일식 조리 실무	1. 음식 위생관리	1. 개인 위생관리하기
		2. 식품 위생관리하기
		3. 주방 위생관리하기
	2. 음식 안전관리	1. 개인 안전관리하기
		2. 장비·도구 안전작업하기
		3. 작업환경 안전관리하기
	3. 일식 기초 조리 실무	1. 기본 칼 기술 습득하기
		2. 기본 기능 습득하기
		3. 기본 조리방법 습득하기
	4. 일식 무침 조리	1. 무침 재료 준비하기
		2. 무침 조리하기
		3. 무침 담기
	5. 일식 국물 조리	1. 국물 재료 준비하기
		2. 국물 우려내기
		3. 국물요리 조리하기

실기 과목명	주요 항목	세부 항목
일식 조리 실무	6. 일식 조림 조리	1. 조림 재료 준비하기
		2. 조림 조리하기
		3. 조림 담기
	7. 일식 면류 조리	1. 면 재료 준비하기
		2. 면 국물 조리하기
		3. 면 조리하기
		4. 면 담기
	8. 일식 밥류 조리	1. 밥 짓기
		2. (녹차)밥 조리하기
		3. 덮밥 소스 조리하기
		4. 덮밥류 조리하기
		5. 죽류 조리하기
	9. 일식 초회 조리	1. 초회 재료 준비하기
		2. 초회 조리하기
		3. 초회 담기
	10. 일식 찜 조리	1. 찜 재료 준비하기
		2. 찜 소스 조리하기
		3. 찜 조리하기
		4. 찜 담기
	11. 일식 롤 초밥 조리	1. 롤 초밥 재료 준비하기
		2. 롤 양념초 조리하기
		3. 롤 초밥 조리하기
		4. 롤 초밥 담기
	12. 일식 구이 조리	1. 구이 재료 준비하기
		2. 구이 조리하기
		3. 구이 담기

출제 기준(실기)

직무 분야	음식 서비스	중직무 분야	조리	자격 종목	복어 조리 기능사	적용 기간	2023.1.1~2025.12.31

직무 내용 : 복어 조리 메뉴 계획에 따라 식재료를 선정, 구매, 검수, 보관 및 저장하며 맛과 영양을 고려하여 안전하고 위생적으로 음식을 조리하고 조리기구와 시설관리를 수행하는 직무이다.

수행 준거 : 1. 위생 관련지식을 이해하고 개인위생 · 식품위생을 관리하며 전반적인 조리작업을 위생적으로 할 수 있다.
2. 복어 기초 조리작업 수행에 필요한 칼 다루기, 조리 방법 등 기본적 지식을 이해하고 기능을 익혀 조리 업무에 활용할 수 있다.
3. 주방에서 일어날 수 있는 사고와 재해에 대하여 안전수칙준수, 안전예방 등을 할 수 있다.
4. 복어 조리작업 수행에 필요한 재료를 저장, 재고관리 등 재료를 효율적으로 관리할 수 있다.
5. 다양한 채소류, 복떡과 곁들임 재료를 손질할 수 있다.
6. 초간장, 양념, 조리별 양념장을 용도에 맞게 만들 수 있다.
7. 채 썬 껍질을 초간장에 무쳐낼 수 있다.
8. 준비된 맛국물에 주재료를 사용하여 맛과 향을 중요시하게 조리할 수 있다.
9. 복어살을 전처리하여 얇게 포를 떠서 국화 모양으로 그릇에 담을 수 있다.

실기 검정 방법	작업형	시험 시간	60분 정도

실기 과목명	주요 항목	세부 항목
복어 조리 실무	1. 음식 위생관리	1. 개인 위생관리하기
		2. 식품 위생관리하기
		3. 주방 위생관리하기
	2. 음식 안전관리	1. 개인 안전관리하기
		2. 장비 · 도구 안전작업하기
		3. 작업환경 안전관리하기
	3. 복어 기초 조리 실무	1. 기본 칼 기술 습득하기
		2. 기본 기능 습득하기
		3. 기본 조리법 습득하기
	4. 복어 부재료 손질	1. 채소 손질하기
		2. 복떡 굽기

실기 과목명	주요 항목	세부 항목
복어 조리 실무	5. 복어 양념장 준비	1. 초간장 만들기
		2. 양념 만들기
		3. 조리별 양념장 만들기
	6. 복어껍질 초회 조리	1. 복어껍질 재료 준비하기
		2. 복어초회 양념 만들기
		3. 복어껍질 무치기
	7. 복어죽 조리	1. 복어 맛국물 준비하기
		2. 복어죽 재료 준비하기
		3. 복어죽 끓여서 완성하기
	8. 복어회 국화 모양 조리	1. 복어 살 전처리 작업하기
		2. 복어회 뜨기
		3. 복어회 국화 모양 접시에 담기
	9. 복어튀김 조리	1. 복어튀김 재료 준비하기
		2. 복어튀김옷 준비하기
		3. 복어튀김 조리 완성하기
	10. 복어 선별·손질 관리	1. 기초 손질하기
		2. 식용부위 손질하기
		3. 제독 처리하기
		4. 껍질 작업하기
		5. 독성부위 폐기하기

일식 · 복어 조리 기능사 실기 공개 과제

일식 조리 기능사

된장국(20분)

도미머리맑은국(30분)

대합맑은국(20분)

갑오징어명란무침(20분)

문어초회(20분)

해삼초회(20분)

달걀찜(30분)

도미술찜(30분)

도미조림(30분)

김초밥(25분)

생선초밥(40분)

참치김초밥(20분)

소고기덮밥(30분)

전복버터구이(25분)

소고기간장구이(20분)

삼치소금구이(30분)

일식 조리 기능사

| 달걀말이(25분) | 우동볶음(30분) | 메밀국수(30분) |

복어 조리 기능사

복어 부위감별(1분)　　　　복어회＋복어껍질초회＋복어죽(55분)

① 일식 · 복어 조리 기능사 자격 정보

1. 개요

한식, 중식, 일식, 양식, 복어 조리 부문에 배속되어 제공될 음식에 대한 계획을 세우고 조리할 재료를 선정, 구입, 검수하고 선정된 재료를 적정한 조리 기구를 사용하여 조리 업무를 수행하며 음식을 제공하는 장소에서 조리 시설 및 기구를 위생적으로 관리, 유지하고, 필요한 각종 재료를 구입, 위생학적, 영양학적으로 저장 관리하면서 제공될 음식을 조리 · 제공하기 위한 전문 인력을 양성하기 위하여 자격 제도 제정

2. 수행 직무

일식 · 복어 조리 부문에 배속되어 제공될 음식에 대한 계획을 세우고 조리할 재료를 선정, 구입, 검수하고 선정된 재료를 적정한 조리 기구를 사용하여 조리 업무를 수행함 또한 음식을 제공하는 장소에서 조리 시설 및 기구를 위생적으로 관리, 유지하고, 필요한 각종 재료를 구입, 위생학적, 영양학적으로 저장 관리하면서 제공될 음식을 조리하여 제공하는 직종임

3. 실시 기관명

일식·복어 : 한국산업인력공단

4. 실시 기관 홈페이지

일식·복어 : http://www.q-net.or.kr

5. 진로 및 전망

1 식품 접객업 및 집단 급식소 등에서 조리사로 근무하거나 운영이 가능하다.

2 업체 간, 지역 간의 이동이 많은 편이고 고용과 임금에 있어서 안정적이지는 못한 편이지만, 조리에 대한 전문가로 인정받게 되면 높은 수익과 직업적 안정성을 보장받게 된다.

3 식품위생법상 대통령령이 정하는 식품 접객 영업자(복어 조리, 판매 영업 등)와 집단 급식소의 운영자는 조리사 자격을 취득하고, 시장 · 군수 · 구청장의 면허를 받은 조리사를 두어야 한다.

6. 출제 경향

1️⃣ 요구 작업 내용

지급된 재료를 갖고 요구하는 작품을 시험 시간 내에 1인분을 만들어 내는 작업

2️⃣ 주요 평가 내용

- 위생 상태(개인 및 조리 과정)
- 조리의 기술(기구 취급, 동작, 순서, 재료 다듬기 방법)
- 작품의 평가 · 정리 정돈 및 청소

7. 취득 방법

구분		일식	복어
시행처		한국산업인력공단	한국산업인력공단
시험 과목	필기	일식 재료관리, 음식조리 및 위생관리	복어 재료관리, 음식조리 및 위생관리
	실기	일식 조리 실무	복어 조리 실무
검정 방법	필기	객관식 4지 택일형, 60문항(1시간)	
	실기	작업형(1시간 정도)	작업형(1시간 정도)
합격 기준		100점 만점에 60점 이상	

 일식 · 복어 조리 기능사 실기 시험 안내

1. 시험 대상

필기 시험 합격자 및 필기 시험 면제자

2. 시험 일자 및 장소

원서 접수 시 수험자 본인이 선택할 수 있다. 일식 조리 기능사는 상시 검정으로 수시로 원서를 접수하여 시험을 보고, 복어 조리 기능사는 정시 검정으로 1년에 정해진 날에만 시험을 보므로 시험에 따라 일정을 확인한다.

3. 원서 접수 및 시행

접수 기간 내에 인터넷을 이용하여 접수하며, 연간 시행 계획을 기준으로 자체 실정에 맞게 시행한다.

일식 조리 기능사(상시) : http://www.q-net.or.kr

복어 조리 기능사(정시) : http://www.q-net.or.kr

4. 원서 접수 시간

일식 조리 기능사(상시) : 회별 원서 접수 첫날 10:00부터 마지막 날 18:00까지(토, 일요일은 접수 불가)

복어 조리 기능사(정시) : 회별 원서 접수 첫날 10:00부터 마지막 날 18:00까지(토, 일요일은 접수 불가)

5. 시험 진행 방법 및 유의 사항

1. 정해진 실기 시험 일자와 장소, 시간을 정확히 확인한 후 시험 30분 전에 수험자 대기실에 도착하여 시험 준비 요원의 지시를 받는다.

2. 위생복, 위생모 또는 머릿수건을 단정히 착용한 후 준비 요원의 호명에 따라(또는 선착순으로) 수험표와 신분증을 확인하고 등번호를 교부받아 실기 시험장으로 향한다.

3. 자신의 등번호가 있는 조리대로 가서 실기 시험 문제를 확인한 후 준비해 간 도구 중 필요한 도구를 꺼내 정리한다.

4. 실기 시험장에서는 감독의 허락 없이 시작하지 않도록 하고 주의 사항을 경청하여 실기 시험에 실수하지 않도록 한다.

5. 지급된 재료를 지급 재료 목록표와 비교·확인하여 부족하거나 상태가 좋지 않은 재료는 즉시 지급받는다(지급 재료는 1회에 한하여 지급되며 재지급되지 않는다).

6. 두 가지 과제의 요구 사항을 꼼꼼히 읽은 후 시험에서 요구하는 대로 작품을 만들어 정해진 시간 안에 등번호와 함께 정해진 위치에 제출한다.

7. 작품을 제출할 때는 반드시 시험장에서 제시된 그릇에 담아낸다.

8. 정해진 시간 안에 작품을 제출하지 못한 경우에는 실격으로 채점 대상에서 제외된다.

9. 시험에 지급된 재료 이외의 재료를 사용한 경우에는 실격으로 채점 대상에서 제외된다.

10. 불을 사용하여 만든 조리 작품이 불에 익지 않은 경우에는 실격으로 채점 대상에서 제외된다.

11. 작품 제출 후 테이블, 세정대, 가스레인지 등을 깨끗이 청소하고 사용한 기구도 제자리에 배치한다.

12. 안전 관리를 위하여 칼 지참 시 꼭 칼집을 준비하고, 가스 밸브 개폐 여부를 반드시 확인한다.

6. 기타 유의 사항

1. 시험 당일에는 수험표와 규정 신분증을 반드시 지참하며, 작업형 수험자는 지참 준비물을 추가 지참한다.

2️⃣ 신분증을 지참하지 않은 사람이 수험표의 사진 또한 본인이 아닌 경우에는 퇴실 조치한다.

3️⃣ 시험 응시는 수험표에 정해진 일시 및 장소에서만 가능하며, 반드시 정해진 시간까지 입실을 완료해야 한다.

수험자 신분증 인정 범위 확대

구분	신분증 인정 범위	대체 가능 신분증
일반인(대학생 포함)	주민등록증, 운전면허증, 공무원증, 여권, 국가기술자격증, 복지카드, 국가유공자증 등	해당 동사무소에서 발급한 기간 만료 전의 '주민등록 발급 신청서'
중 · 고등학생	주민등록증, 학생증(사진 및 생년월일 기재), 여권, 국가기술자격증, 청소년증, 복지카드, 국가유공자증 등	학교 발행 '신분확인증명서'
초등학생	여권, 건강보험증, 청소년증, 주민등록 등 · 초본, 국가기술자격증, 복지카드, 국가유공자증 등	학교 발행 '신분확인증명서'
군인	장교 · 부사관 신분증, 군무원증, 사병(부대장 발행 신분확인증명서)	부대장 발급 '신분확인증명서'
외국인	외국인등록증, 여권, 복지카드, 국가유공자증 등	없음

※ 유효 기간이 지난 신분증은 인정하지 않으며, 중 · 고등학교 재학 중인 학생은 학생증에 반드시 사진 · 이름 · 주민등록번호(최소 생년월일 기재) 등이 기재되어 있어야 신분증으로 인정
※ 신분증 인정 범위에는 명시되지 않으나, 법령에 의거 사진, 성명, 주민등록번호가 포함된 정부기관(중앙부처, 지자체 등)에서 발행한 등록증은 신분증으로 인정
※ 인정하지 않는 신분증 사례 : 학생증(대학원, 대학), 사원증, 각종 사진이 부착된 신용카드, 유효 기간이 만료된 여권 및 복지카드, 기타 민간 자격 자격증 등

7. 지참 준비물에 대한 기준 변경 ← 제한 폐지

준비물	변경 전	변경 후
칼 등 조리기구	길이를 측정할 수 있는 눈금표시(cm)가 없을 것(단, mL 용량표시 허용)	• 제한 폐지 • 모든 조리기구에 눈금표시 사용 허용
면포/행주	색상 미지정	흰색

8. 일식 조리 기능사 실기 지참 준비물

번호	재료명	규격	단위	수량	비고
1	가위		EA	1	
2	강판		EA	1	
3	계량스푼		EA	1	
4	계량컵		EA	1	
5	국대접	기타 유사품 포함	EA	1	
6	국자		EA	1	
7	김발		EA	1	
8	냄비		EA	1	시험장에도 준비되어 있음
9	달걀말이용 프라이팬	사각	EA	1	
10	도마	흰색 또는 나무도마	EA	1	시험장에도 준비되어 있음
11	뒤집개		EA	1	
12	랩		EA	1	
13	숟가락	차스푼 등 유사품 포함	EA	1	
14	면포/행주	흰색	장	1	
15	밥공기		EA	1	
16	볼(bowl)		EA	1	
17	비닐백	위생백, 비닐봉지 등 유사품 포함	장	1	
18	상비의약품	손가락골무, 밴드 등	EA	1	
19	쇠꼬치(쇠꼬챙이)	생선구이용	EA	2	
20	쇠조리(혹은 체)		EA	1	
21	마스크		EA	1	위생복장(위생복, 위생모, 앞치마, 마스크)을 착용하지 않을 경우 채점 대상에서 제외(실격)됨
22	앞치마	흰색(남녀 공용)	EA	1	
23	위생모	흰색	EA	1	
24	위생복	상의 : 흰색/긴소매 하의 : 긴바지(색상 무관)	벌	1	
25	위생타월	키친타월, 휴지 등 유사품 포함	장	1	
26	이쑤시개	산적꼬치 등 유사품 포함	EA	1	
27	접시	양념접시 등 유사품 포함	EA	1	
28	젓가락		EA	1	

번호	재료명	규격	단위	수량	비고
29	종이컵		EA	1	
30	종지		EA	1	
31	주걱		EA	1	
32	집게		EA	1	
33	칼	조리용칼, 칼집 포함	EA	1	
34	호일		EA	1	
35	프라이팬		EA	1	시험장에도 준비되어 있음

※ 지참 준비물의 수량은 최소 필요 수량이므로 수험자가 필요시 추가 지참 가능하다.
　지참 준비물은 일반적인 조리용을 의미하며 기관명, 이름 등 표시가 없는 것이어야 한다.
　지참 준비물 중 수험자 개인에 따라 과제를 조리하는 데 불필요하다고 판단되는 조리기구는 지참하지 않아도
　된다.
　지참 준비물 목록에는 없으나 조리에 직접 사용되지 않는 조리 주방용품(예, 수저통 등)은 지참 가능하다.
　수험자 지참 준비물 이외의 조리기구를 사용한 경우 채점대상에서 제외(실격)된다.

9. 복어 조리 기능사 실기 지참 준비물

번호	재료명	규격	단위	수량	비고
1	가위		EA	1	
2	계량스푼		EA	1	
3	계량컵		EA	1	
4	국대접	기타 유사품 포함	EA	1	
5	국자		EA	1	
6	김발		EA	1	
7	냄비		EA	1	시험장에도 준비되어 있음
8	도마	흰색 또는 나무도마	EA	1	시험장에도 준비되어 있음
9	뒤집개		EA	1	
10	랩		EA	1	
11	숟가락	차스푼 등 유사품 포함	EA	1	
12	면포/행주	흰색	장	1	
13	밥공기		EA	1	
14	볼(bowl)		EA	1	
15	비닐백	위생백, 비닐봉지 등 유사품 포함	장	1	

번호	재료명	규격	단위	수량	비고
16	상비의약품	손가락골무, 밴드 등	EA	1	
17	쇠꼬치(쇠꼬챙이)	생선구이용	EA	2	
18	쇠조리(혹은 체)		EA	1	
19	마스크		EA	1	위생복장(위생복, 위생모, 앞치마, 마스크)을 착용하지 않을 경우 채점 대상에서 제외(실격)됨
20	앞치마	흰색(남녀 공용)	EA	1	
21	위생모	흰색	EA	1	
22	위생복	상의 : 흰색/긴소매 하의 : 긴바지(색상 무관)	벌	1	
23	위생타월	키친타월, 휴지 등 유사품 포함	장	1	
24	이쑤시개	산적꼬치 등 유사품 포함	EA	1	
25	접시	양념접시 등 유사품 포함	EA	1	
26	젓가락		EA	1	
27	종지		EA	1	
28	주걱		EA	1	
29	집게		EA	1	
30	칼	조리용칼, 칼집 포함	EA	1	
31	호일		EA	1	
32	프라이팬		EA	1	시험장에도 준비되어 있음
33	검은색 볼펜		EA	1	

※ 지참 준비물의 수량은 최소 필요 수량이므로 수험자가 필요시 추가 지참 가능하다.
　지참 준비물은 일반적인 조리용을 의미하며 기관명, 이름 등 표시가 없는 것이어야 한다.
　지참 준비물 중 수험자 개인에 따라 과제를 조리하는 데 불필요하다고 판단되는 조리기구는 지참하지 않아도 된다.
　지참 준비물 목록에는 없으나 조리에 직접 사용되지 않는 조리 주방용품(예 수저통 등)은 지참 가능하다.
　수험자 지참 준비물 이외의 조리기구를 사용한 경우 채점대상에서 제외(실격)된다.

10. 요구사항에 대한 표시내용 변경

요구사항의 재료 크기 및 지급 재료		세부 기준
변경 전	변경 후	
○cm 정도	○cm	수험자 유의사항에 「규격은 "정도"의 의미를 포함함」을 명시하였으므로 요구사항의 재료 크기 및 지급 재료에 표시된 "정도" 용어는 삭제되었다.

11. 위생상태 및 안전관리 세부 기준

순번	구분	세부 기준
1	위생복 상의	• 전체 흰색, 손목까지 오는 긴소매 – 조리과정에서 발생 가능한 안전사고(화상 등) 예방 및 식품위생(체모 유입방지, 오염도 확인 등) 관리를 위한 기준 적용 – 조리과정에서 편의를 위해 소매를 접어 작업하는 것은 허용 – 부직포, 비닐 등 화재에 취약한 재질이 아닐 것, 팔토시는 긴팔로 불인정 • 상의 여밈은 위생복에 부착된 것이어야 하며 벨크로(일명 찍찍이), 단추 등의 크기, 색상, 모양, 재질은 제한하지 않음(단, 핀 등 별도 부착한 금속성은 제외)
2	위생복 하의	• 색상 · 재질무관, 안전과 작업에 방해가 되지 않는 발목까지 오는 긴바지 – 조리기구 낙하, 화상 등 안전사고 예방을 위한 기준 적용
3	위생모	• 전체 흰색, 빈틈이 없고 바느질 마감처리가 되어 있는 일반 조리장에서 통용되는 위생모(모자의 크기, 길이, 모양, 재질(면, 부직포 등)은 무관)
4	앞치마	• 전체 흰색, 무릎아래까지 덮이는 길이 – 상하일체형(목끈형) 가능, 부직포 · 비닐 등 화재에 취약한 재질이 아닐 것
5	마스크	• 침액을 통한 위생상의 위해 방지용으로 종류는 제한하지 않음 (단, 감염병 예방법에 따라 마스크 착용 의무화 기간에는 '투명 위생 플라스틱 입가리개'를 마스크 착용으로 인정하지 않음)
6	위생화 (작업화)	• 색상 무관, 굽이 높지 않고 발가락 · 발등 · 발뒤꿈치가 덮여 안전 사고를 예방할 수 있는 깨끗한 운동화 형태
7	장신구	• 일체의 개인용 장신구 착용 금지(단, 위생모 고정을 위한 머리핀 허용)
8	두발	• 단정하고 청결할 것, 머리카락이 길 경우 흘러내리지 않도록 머리망을 착용하거나 묶을 것
9	손/손톱	• 손에 상처가 없어야 하나, 상처가 있을 경우 보이지 않도록 할 것 (시험위원 확인하에 추가 조치 가능) • 손톱은 길지 않고 청결하며 매니큐어, 인조손톱 등을 부착하지 않을 것
10	폐식용유 처리	• 사용한 폐식용유는 시험위원이 지시하는 적재장소에 처리할 것
11	교차오염	• 교차오염 방지를 위한 칼, 도마 등 조리기구 구분 사용은 세척으로 대신하여 예방할 것 • 조리기구에 이물질(예 테이프)을 부착하지 않을 것
12	위생관리	• 재료, 조리기구 등 조리에 사용되는 모든 것은 위생적으로 처리하여야 하며, 조리용으로 적합한 것일 것
13	안전사고 발생 처리	• 칼 사용(손 빔) 등으로 안전사고 발생 시 응급조치를 하여야 하며, 응급조치에도 지혈이 되지 않을 경우 시험진행 불가
14	부정 방지	• 위생복, 조리기구 등 시험장 내 모든 개인물품에는 수험자의 소속 및 성명 등의 표식이 없을 것(위생복의 개인 표식 제거는 테이프로 부착 가능)
15	테이프 사용	• 위생복 상의, 앞치마, 위생모의 소속 및 성명을 가리는 용도로만 허용

12. 위생상태 및 안전관리 채점 기준

구분	위생 및 안전 상태	채점 기준
1	위생복(상/하의), 위생모, 앞치마, 마스크 중 한 가지라도 미착용한 경우	실격 (채점대상 제외)
2	평상복(흰티셔츠, 와이셔츠), 패션모자(흰털모자, 비니, 야구모자) 등 기준을 벗어난 위생복장을 착용한 경우	
3	위생복(상/하의), 위생모, 앞치마, 마스크를 착용하였더라도 • 무늬가 있거나 유색의 위생복 상의 · 위생모 · 앞치마를 착용한 경우 • 흰색의 위생복 상의 · 앞치마를 착용하였더라도 부직포, 비닐 등 화재에 취약한 재질의 복장을 착용한 경우 • 팔꿈치가 덮이지 않는 짧은 팔의 위생복을 착용한 경우 • 위생복 하의의 색상, 재질은 무관하나 짧은 바지, 통이 넓은 힙합스타일 바지, 타이츠, 치마 등 안전과 작업에 방해가 되는 복장을 착용한 경우 • 위생모가 뚫려있어 머리카락이 보이거나, 수건 등으로 감싸 바느질 마감 처리가 되어있지 않고 풀어지기 쉬워 일반 조리장용으로 부적합한 경우	'위생상태 및 안전관리' 점수 전체 0점
4	이물질(예 테이프) 부착 등 식품위생에 위배되는 조리기구를 사용한 경우	
5	위생복(상/하의), 위생모, 앞치마, 마스크를 착용하였더라도 • 위생복 상의가 팔꿈치를 덮기는 하나 손목까지 오는 긴소매가 아닌 위생복(팔토시 착용은 긴소매로 불인정), 실험복 형태의 긴 가운, 핀 등 금속을 별도 부착한 위생복을 착용하여 세부 기준을 준수하지 않았을 경우 • 테두리선, 칼라, 위생모 짧은 창 등 일부 유색의 위생복 상의 · 위생모 · 앞치마를 착용한 경우(테이프 부착 불인정) • 위생복 하의가 발목까지 오지 않는 8부바지 • 위생복(상/하의), 위생모, 앞치마, 마스크에 수험자의 소속 및 성명을 테이프 등으로 가리지 않았을 경우	'위생상태 및 안전관리' 점수 일부 감점
6	위생화(작업화), 장신구, 두발, 손/손톱, 폐식용유 처리, 안전사고 발생 처리 등 '위생상태 및 안전관리 세부 기준'을 준수하지 않았을 경우	'위생상태 및 안전관리' 점수 일부 감점
7	'위생상태 및 안전관리 세부 기준' 이외에 위생과 안전을 저해하는 기타사항이 있을 경우	

※ 수도자의 경우 제복 + 위생복 상/하의, 위생모, 앞치마, 마스크 착용 허용

▶ 위 기준에 표시되어 있지 않으나 일반적인 개인위생, 식품위생, 주방위생, 안전관리를 준수하지 않았을 경우 감점 처리될 수 있다.

13. 일식 조리 기능사 실기 채점 기준표

항목	세부 항목	내용	배점
공통 채점 사항	위생상태 및 안전관리	• 위생복 착용, 두발, 손톱 등 위생 상태 • 조리 순서, 재료, 기구의 취급 상태와 숙련 정도 • 조리대, 기구 주위의 청소 및 안전 상태	10
작품 A	조리 기술	조리 기술 숙련도	30
작품 A	작품 평가	맛, 색, 모양, 그릇에 담기	15
작품 B	조리 기술	조리 기술의 숙련도	30
작품 B	작품 평가	맛, 색, 모양, 그릇에 담기	15

▶ 실기 시험은 대체로 두 가지 작품이 주어지며, 공통 채점과 각 작품의 조리 기술 및 작품 평가 합계가 100점 만점으로 60점 이상이면 합격이다.

14. 복어 조리 기능사 실기 채점 기준표

항목	세부 항목	내용	배점
공통 채점 사항	위생상태 및 안전관리	• 위생복 착용, 두발, 손톱 등 위생 상태 • 조리 순서, 재료, 기구의 취급 상태와 숙련 정도 • 조리대, 기구 주위의 청소 및 안전 상태	10
작품	복어 부위 감별	복어 부위별 명칭 파악상태	5
작품	조리 기술	조리 기술 숙련도	70
작품	작품 평가	맛, 색, 모양, 그릇에 담기	15

차 례

복어 조리 기능사(실기) 이론

복어 조리 기능사 출제 메뉴

일식 조리 기능사 실기 시험 공통 사항

- 만드는 순서에 유의하며, 위생과 숙련된 기능 평가를 위하여 조리 작업 시 맛을 보지 않는다.
- 지정된 수험자 지참 준비물 이외의 조리기구나 재료를 시험장 내에 지참할 수 없다.
- 지급 재료는 시험 전 확인하여 이상이 있을 경우 시험위원으로부터 조치를 받고 시험 중에는 재료의 교환 및 추가 지급은 하지 않는다.
- 요구 사항 및 지급 재료의 규격은 **"정도"의 의미를 포함**하며, 지급된 **재료의 크기에 따라 가감하여 채점**한다.
- 위생복, 위생모, 앞치마, 마스크를 착용하여야 하며, 시험장비 · 조리기구 취급 등 안전에 유의한다.
- 다음 사항은 **실격**에 해당하여 **채점 대상에서 제외**된다.

  (가) 수험자 본인이 시험 중 시험에 대한 포기 의사를 표현하는 경우

  (나) 위생복, 위생모, 앞치마, 마스크를 착용하지 않은 경우

  (다) 시험 시간 내에 과제 **두 가지**를 제출하지 못한 경우

  (라) 문제의 요구 사항대로 과제의 수량이 만들어지지 않은 경우

  (마) 완성품을 요구 사항의 과제(요리)가 아닌 다른 요리(예 달걀말이 → 달걀찜)로 만든 경우

  (바) 불을 사용하여 만든 조리 작품이 작품의 특성에 벗어나는 정도로 타거나 익지 않은 경우

  (사) 해당 과제의 지급 재료 이외의 재료를 사용하거나, 요구 사항의 조리기구(석쇠 등)로 완성품을 조리하지 않은 경우

  (아) 지정된 수험자 지참 준비물 이외의 조리기술에 영향을 줄 수 있는 기구를 사용한 경우

  (자) 가스레인지 화구 **2개 이상(2개 포함)** 사용한 경우

  (차) 시험 중 시설 · 장비(칼, 가스레인지 등) 사용 시 시험위원 및 타수험자의 시험 진행에 위해를 일으킬 것으로 시험위원 전원이 합의하여 판단한 경우

  (카) 요구 사항에 표시된 **실격 및 부정행위**에 해당하는 경우

- 항목별 배점은 위생 상태 및 안전 관리 5점, 조리 기술 30점, 작품의 평가 15점이다.
- 시험 시작 전 가벼운 몸 풀기(스트레칭) 동작으로 긴장을 풀고 시험을 시작한다.

일식
조리 기능사
실기

① 일본 요리의 개요

　일본의 풍토에 맞게 독특하게 발달한 요리의 총칭으로 중국 요리나 서양 요리가 불로 처리하는 요리라면, 일본 요리는 물로 처리하는 요리라고 할 수 있다.

　일본의 영토는 동경 130~145°, 북위 30~45°에 걸쳐 북동에서 남서로 비스듬히 길게 뻗어 있고, 4면이 바다인 지리적 요건 때문에 해산물이 풍부하다. 사계절이 뚜렷하여 계절마다 생산되는 요리의 재료도 상당히 풍부하고 계절의 변화에 따른 다양한 재료를 맛볼 수 있어 다른 나라에서는 흉내 낼 수 없는 요리가 만들어진다. 또한 도자기나 칠기, 대나무, 유리 등 독특한 재료에 의한 그릇에도 변화가 많아, 상차림에도 공간의 아름다움을 살리고 있다. 조리법은 칼 다루기가 중시되어 일본인 특유의 섬세한 감각이 배어 있다.

　종래의 일본 요리는 육류 요리가 적은 것이 특징이었으나 2차 세계 대전 이후 미군이 일본에 주둔하면서 미국의 영향을 받았다. 그리고 1964년 도쿄(東京) 올림픽을 계기로 외국인과의 접촉이 빈번해지면서 스키야키, 돈가스 등의 육류 요리가 발전하여 전통적인 식습관과 식문화에 많은 변화를 가셔왔으며, 외형에 치우쳐 그동안 상대적으로 적게 고려되었던 영양적인 면이 고려되기 시작하였다.

　일본 요리의 발전 과정은 신과 불교의 공물과 관련이 깊다고 할 수 있다. 또 일본 요리는 요리 전국 시대에 많은 유파가 생겨 서로 경쟁하며 기술이 발전함에 따라 이론적으로도 발전할 수 있는 계기가 되었다.

　일본 요리의 큰 흐름을 보면 귀족, 무가(武家) 지배의 봉건 사회에서 향응의 접대 연회는 상층 계급이 하층 계급에게 '밥상을 받게 해 주고' '위로해 준다'고 하는 형식으로 엄격한 식사법이 요구되었다. 그것이 메이지(明治) 후기에서 현대에 이르기까지 변화해 오면서 형식에 구애받지 않고 안락한 분위기에서 즐기는 맛 본위의 주연을 중심으로 한 향응의 가이세키(會席) 요리가 주류를 이루게 되었다.

　하지만 일본 요리로 대표되는 것은 역시 스시(すし : 초밥)와 사시미(さしみ : 생선회)이다. 마치 우리나라 요리가 김치와 불고기로 대표되는 것처럼 말이다.

　우리나라 음식이 진한 양념이 조화된 맵고 짠맛을 기본으로 한다면, 일본 요리는 재료의 고유한 맛과 질감을 최대한 살려 담백하고 가볍지만 날카로운 끝맛을 남긴다.

② 지역의 특성에 따른 일본 요리

1. 간토 요리(關東料理)

　에도 요리(江戸料理)라고도 한다. 에도(江戸)는 현재의 도쿄로 정치, 문화의 중심이었으며 이곳의 제후나 부자들은 설탕을 일찍부터 사용하였고, 특히 에도의 요리인은 나가사키의 요리를 배워 설탕 요리가 시작되는 데 기여하였다. 풍부한 설탕과 간이 짠 요리로 식어도 맛이 변하지 않아 선물용 요리로 발달하기에 이르렀다.

무가 및 사회적 지위가 높은 사람에게 제공하기 위한 의례 요리(儀禮料理)가 발달하였으며, 또한 간토 지방은 외해(外海)에 접해 있어 깊은 바다에서 나는 단단하고 살이 많은 양질의 생선이 풍부한 반면, 토양과 수질이 거칠어 간을 진하게 하여 농후한 맛을 즐겼다. 그 결과 맛이 진하고 달고 짜며, 국물이 적은 것이 간토 요리의 특징이 되었다.

2. 간사이 요리(關西料理)

오사카(大阪)와 교토(京都)를 중심으로 발달한 요리로 가미가타(上方 : 교토 부근의 지방) 요리라고도 한다. 간토 요리에 비해 역사가 길며, 재료도 자연의 맛을 최대한 살리기 위해 간을 연하게 하고 색상과 형태도 그대로 살린다.

도쿄에 비해 교토는 여유가 없어 음식에 설탕을 사용할 수 없었다. 따라서 소금맛 하나에 의존하는 소위 교(京) 요리가 발전하게 되어 재료 본위의 요리법, 즉 간이 싱거운 즉석 곰(끓이는 것) 요리가 생겨나는 등 국물이 다소 많은 담백하고 아름다운 요리가 간사이 요리의 특징이 되었다.

양질의 두부, 채소, 밀기울, 대구포 등을 사용한 요리가 많으며 상가(商家)의 요리로 양질의 어패류를 이용한 요리이다.

③ 일본 요리의 기본 조리법

일본 요리의 기본이 되는 조리법에는 국물(汁物), 회 또는 날요리(生物), 구이(燒物), 조림(煮物), 찜(蒸物), 튀김(揚げ物), 초회(酢の物), 무침(あえ物) 등이 있으며 오미(五味), 오색(五色), 오법(五法)의 조화에 계절 감각을 매우 중요시하는 특징이 있다.

단맛(甘味) · 짠맛(鹽味) · 신맛(酸味) · 쓴맛(苦味) · 매운맛(辛味)의 오미(五味)를 적절하게 요리에 적용하였고, 적색 · 청색 · 황색 · 흰색 · 흑색의 오색(五色)을 사용하여 구이 · 조림 · 튀김 · 찜 · 날것의 오법(五法)으로 계절과 영양 등을 표현하였다.

식재료가 나타내는 색 중 적색은 심장, 청색은 간, 황색은 비장, 흰색은 폐, 흑색은 신장을 좋게 한다고 한다. 또한 청색은 봄, 적색은 여름, 흰색은 가을, 흑색은 겨울과 사계절을, 황색은 입추(立秋) 전을 나타낸다. 이러한 색감은 계절감을 중시하는 일본 요리를 만들 때 중요하게 배려해야 할 대상이다.

요리란 먼저 눈으로 아름다움을 먹고, 코로 향기를 먹고, 혀로 맛을 먹으므로 항상 계절 감각을 중요시하여야 한다.

1. 국물(汁物 : 시루모노)

크게 나누어 맑은국(스마시지루 : すまし汁)과 탁한 국(니고리지루 : 濁り汁)이 있다. 특히 맑은국은 요리를 한층 돋보이게 하며 입맛을 돋우는 전채(前菜) 요리로서의 역할을 하므로 일본 요리의 식단에서는 빼놓을 수 없는 요리이며, 탁한 국은 된장국으로 밥과 함께 곁들여 먹는다.

국물 속의 내용물은 일반적으로 계절감이 있고 색의 조화, 맛의 궁합이 잘 맞는 것을 선택하고 주로 제철에 나는 채소를 사용한다. 여기에 유자껍질, 산초가루, 생강 등을 넣어 국그릇의 뚜껑을 열었을 때 향기를 더해 주기도 한다.

국의 토대가 되는 국물에는 다시마와 가다랑어포, 마른 멸치 등을 주로 사용하며, 주재료의 맛과 향 자체를 그대로 우려내어 사용하기도 한다.

2. 날요리(生物 : 나마모노)

일본 요리의 특징적인 조리법으로 사시미와 스시를 대표적으로 들 수 있다.

사시미는 어패류가 지닌 그 자체의 독특한 맛을 살려 익히지 않고 조리한 것을 말하며, 탄력성 있는 육질과 투명감이 있는 색조, 가열한 요리에서는 맛볼 수 없는 독특한 맛과 질감을 가진다. 재료의 신선도가 매우 중요하며 조리사의 칼 솜씨로 음식 맛이 결정된다. 재료의 특성에 따라 손질하는 방법이 각각 다르나 단칼에 작업을 해야 사시미의 참맛을 느낄 수 있다.

그 외에도 과일이나 채소 등 아무런 가공 없이 신선한 재료를 그대로 식용하는 방법, 젓갈로 먹는 방법, 소금이나 식초, 된장 등에 절여서 먹는 방법 등이 있다.

3. 구이(燒物 : 야키모노)

고온에서 가열하여 재료가 지닌 맛을 그대로 살려 알맞게 구워진 맛과 향기를 맛볼 수 있는 조리법으로, 조리법 자체는 매우 단순하고 원시적이다. 가열 방법에 따라 재료를 불에 직접 닿게 하여 굽는 직접구이와 철판, 프라이팬 등을 사용하여 굽는 간접구이로 나눌 수 있다. 조리 기구에 따라 석쇠, 꼬치, 철판, 오븐 등을 사용한 구이가 있다.

어패류, 채소, 말린 생선, 가공품, 육류 등 대부분의 식재료를 사용할 수 있으며, 사용하는 양념에 따라 소금을 뿌려 굽는 방법(시오야키 : 鹽燒き)과 조림 간장 양념을 발라 굽는 방법(데리야키 : 照り燒き), 된장 양념에 재웠다가 굽는 방법(미소쓰케야키 : みそ漬け燒き), 버터를 넣어 굽는 방법(바타야키 : バター燒き) 등 여러 가지 방법이 있다.

4. 조림(煮物 : 니모노)

재료 자체에 각종 조미료를 넣어서 조리는 조리법으로, 향기가 있는 재료는 향기를 잃지 않도록 하고 재료가 가진 본연의 맛을 잃지 않도록 한다. 적은 국물로 단시간에 조리는 방법과 간이 푹 스며들도록 많은 국물 속에서 장시간 조리는 방법이 있다.

적은 국물로 조리는 방법

1 데리니(照り煮) : 당근, 연근, 우엉 등을 국물이 거의 없어질 때까지 진하고 윤기가 나도록 조린다.

2 우마니(旨煮) : 감칠맛 나게 조리는 방법으로 감자, 당근, 죽순 등의 채소에 적합한 조리법으로 약간 단맛이 스미도록 조린다.

3 니조메(煮染め) : 채소류를 색과 맛이 진하게 나도록 조린다.

많은 국물로 조리는 방법

① 후쿠메니(含め煮) : 맛이 배어들도록 조리는 것으로, 채소나 어패류 따위에 국물을 많이 부어 은근히 장시간 조린다.

② 시로니(白煮) : 백합뿌리, 토란, 산마, 연근 등 흰색 재료의 흰색을 살리기 위해 간장 대신 소금으로 간을 하여 맑게 조린다.

③ 이로니(色煮) : 가지, 완두콩, 강낭콩 등 색이 선명한 재료를 그 자체의 색을 살려 조린다.

5. 찜(蒸物 : 무시모노)

증기의 기화열(氣化熱)을 이용하여 조리하는 방법으로, 탈 염려가 없고 맛과 향기, 영양소가 빠져나가지 않으며 모양이 망가지지 않아 좋다. 그러나 조리 도중에 양념하기가 어렵기 때문에 간을 미리 해야 한다. 비교적 담백한 재료를 요리하는 데 쓰는 방법으로 수분이 적고 선도가 좋은 재료를 선택하도록 한다.

조미 방법에 따라 사케무시(酒蒸し : 술찜), 시오무시(鹽蒸し : 소금찜), 미소무시(みそ蒸し : 된장찜) 등으로 나누고, 생선, 채소, 달걀 등 다양한 재료를 사용한다. 또 형태에 따라 도빙무시(土瓶蒸し : 질주전자찜), 호네무시(骨蒸し : 뼈찜), 시바무시(紫蒸し : 섶나무찜), 사쿠라무시(櫻蒸し : 벚꽃찜), 가시와무시(柏栢蒸し : 떡갈나무찜) 등으로 나누기도 한다.

6. 튀김(揚げ物 : 아게모노)

재료를 그대로 또는 튀김옷을 입혀서 고온의 기름 속에서 익히는 조리법으로, 바삭하게 튀기는 것이 관건이다. 바삭하게 튀기기 위해서는 기름의 온도를 일정하게 유지시키는 것이 중요하며 저온(150~160℃)에서는 채소를, 중온(170~180℃)에서는 생선 가라아게와 돈가스 등을, 고온(180℃ 이상)에서는 생선 덴푸라와 크로켓 등을 조리하는 것이 적합하다.

신선한 재료를 사용하는 것이 좋으며, 선택한 재료는 각각 요리에 맞도록 사전에 준비하는 것이 좋다. 밀가루는 끈기가 없는 박력분을 사용하여 가능하면 오래 젓지 않아야 바삭하게 튀길 수 있다. 기름은 식물성 기름을 사용한다. 예로부터 양질의 참기름이 풍미 · 영양적인 면에서 가장 좋다고 했으나, 끈기가 있어 바삭하게 튀겨지지 않으므로 면실유와 참기름을 7 : 3의 비율로 섞어서 사용하는 것이 좋다.

재료에 함유된 수분을 어느 정도 제거하고 그대로 튀기는 방법으로 재료의 색이나 형태를 잘 살리는 튀김(스아게 : 素揚げ), 재료에 여러 가지 양념을 하고 밀가루, 전분 등을 재료 표면에 입혀서 튀겨 재료의 감칠맛을 놓치지 않고 바삭하게 튀기는 튀김(가라아게 : から揚げ), 밀가루 반죽으로 옷을 입혀 튀기는 덴푸라(고로모아게 : 衣揚げ), 그리고 응용 튀김(가와리아게 : 變わり揚げ) 등이 있다.

7. 초회(酢の物 : 스노모노)와 무침(あえ物 : 아에모노)

어패류, 채소, 해조, 과일 등 모든 재료가 해당되나 그 재료에 맞는 조미료, 무침양념, 양념즙으로 맛을 내는 조리법이다. 미각에 변화를 주는 일품으로 식단에서 중요한 요리이다. 초회는 정식 정찬에서 제일 먼저 상에 내는 경우가 있으므로 담는 방법이나 맛에 정성을 다한다.

무침류는 우리나라의 나물에 해당하는 것으로 무친 후 시간이 지나면 물기가 나와 맛이 떨어지므로 식탁에 내기 직전에 무치는 것이 좋으며, 뜨거운 재료와 차가운 재료를 함께 섞어 무치지 않도록 한다.

원통형썰기
(와기리:輪切り)

둥근 모양의 재료를 적당한 두께로 통으로 써는 방법으로 재료의 둥근 모양을 그대로 살린다.

반달썰기
(한게쓰기리:
半月切り)

원통형썰기를 반으로 잘라 반달 모양으로 썬 형태로, 재료를 먼저 길이로 반 잘라 눕힌 후 일정한 두께로 썬다.

어슷썰기
(나나메기리:
斜め切り)

대파, 우엉 등 모양이 둥글고 긴 재료를 일정한 두께로 비스듬히 써는 방법이다.

얇게어슷썰기
(사사가키기리:
笹がき切り)

재료를 굴려 가며 연필을 깎듯이 얇게 어슷하게 썬다. 우엉처럼 질감이 단단한 채소를 썰 때 이용한다.

채썰기
(센기리:千切り)

재료를 5~6cm 길이로 토막 내어 얇게 저민 후 일정하게 겹쳐서 가늘게 썬다. 이것보다 더욱 가늘게 썬 것을 바늘썰기(하리기리 : 針切り)라고 하며 생강을 썰 때 이용한다.

잘게썰기
(미진기리:
みじん切り)

가늘게 채 썬 재료를 가지런히 모아 돌려놓고 반대 방향으로 썰어 곱게 다지는 방법이다.

돌려깎아썰기
(가쓰라무키:桂剝き)

원통형으로 된 재료를 띠 모양으로 돌려 가며 깎아 단번에 벗기듯 썬다. 칼을 상하로 움직이며 앞으로 진행하고 재료를 돌려 가며 깎는다. 주로 무, 오이, 당근 등 원통형 채소를 가늘게 썰기 위해 사용하는 방법이다.

매화꽃썰기
(우메하나기리:
梅花切り)

정오각형으로 정리한 재료를 횡단면이 매화꽃 모양이 되도록 다듬은 후 칼집을 비스듬히 넣어 사선으로 깎아 내어 입체감이 나도록 한다. 벚꽃썰기라고도 한다.

꽃연근
(하나렌콘:花蓮根)

연근에 나 있는 구멍 사이에 둥글게 칼집을 넣어 꽃 모양으로 표현한 것으로 횡단면부터 자른다.

오이뱀뱃살썰기
(자바라큐리:
蛇腹きゅうり)

오이를 2/3 두께까지 비스듬히 얇게 잔칼집을 넣고 반대로 돌린 후 같은 방향으로 칼집을 넣고 소금물에 절여 사용한다.

⑤ 일본 요리에 사용하는 재료

일본 요리는 자연에서 얻어지는 신선한 재료의 특성을 그대로 살린다. 조미료도 발효시켜 맛을 낸 우리나라나 중국의 조미료에 비하면 자연 그대로의 것을 많이 사용하는 편이다. 만들어지지 않은 자연의 향을 중요시하여 요리에 향기를 곁들이고 맛에 악센트를 주며 계절감을 나타낸다. 소량을 효과적으로 사용하여 요리를 한층 더 돋보이게 함으로 그 역할이 매우 크다.

1. 향신료(香辛料)

식품에 향미를 부여하기 위하여 첨가하는 식재료로 좁게는 식품 첨가물, 넓게는 식품 재료 또는 식품으로 취급하고 있다. 향신료의 기능은 소화 증진, 방부 작용, 약리 작용 등이며, 종류에 따라서는 색깔, 맛등을 변화시키는 경우도 있다.

- 고추냉이(山葵) : 일본어로 '와사비'라고 부르며 한대 지방에서 재배된다. 산간의 낙엽수 밑에서 잘 성장하고 뿌리 부분의 강한 매운맛과 독특한 풍미가 널리 애용된다. 날것은 강판에 갈아서 쓰고, 분말은 미지근한 물에 개어서 사용하는데 주로 생선회, 초밥에 많이 사용한다.
  분말로 된 것은 날것에 비하여 풍미는 약하나 매운맛은 충분하며 손쉽게 구입할 수 있다.
- 겨자(芥子) : 흑겨자, 백겨자 2종이 있으며, 종자를 가루로 하여 만든다. 따뜻한 물에 개어서 숙성시킨후 매운맛이 나면 사용한다. 무침, 절임 등에 널리 쓴다.
- 산초(山椒) : 잎, 꽃, 열매에 독특한 향기와 매운맛이 함유되어 있으며, 어린잎의 빛깔과 방향을 사용하여 맑은국, 무침 등에 많이 이용한다. 열매는 미숙한 것을 절임, 짠 조림 등으로 이용하고, 그늘에서 말려 분쇄하여 후춧가루처럼 사용하기도 한다. 데리야키, 된장국 등에 많이 사용한다.
- 유자(柚子) : 껍질에 특유한 향기를 가지고 있어 맑은국의 건더기, 양념으로 많이 쓴다. 과즙을 짤 때껍질이 섞여 들어가 방향이 많이 나며, 산미와 풍미를 이용하여 식초 대용으로도 쓴다.
- 차조기(紫蘇) : 잎, 열매 모두 우아한 방향을 가지며, 청차조기는 적차조기에 비해 향기가 더 진하다.적차조기는 붉은색을 잘 살려 매실장아찌나 생강에 색을 들이기 위하여 사용한다.
- 생강(生姜) : 특유의 매운맛과 향을 가지고 있다. 비린내가 강한 생선이나 육류의 냄새 제거에 사용하며,절임하여 생선 초밥과 곁들여 널리 사용한다. 철이 이른 것은 맛이 덜하고, 가을에 캔 것이 맛이 강하다.
- 파(蔥) : 독특한 향기를 지니고 있으며 비린내 등의 냄새를 제거한다. 뿌리의 흰 부분은 가늘게 채를 썰어 물에 씻어서(시라가네기) 양념 또는 곁들임에 사용하고, 푸른 부분은 잘게 썰어 양념으로 사용한다.
- 고춧가루(唐辛子) : 향신료 중에서 가장 매운 것이 고춧가루이다. 양념이나 곁들임으로 사용한다.
- 칠미 고춧가루(七味唐辛子) : 고춧가루, 파래, 참깨, 진피(귤껍질), 양귀비씨, 마씨, 산초 등 7가지 재료를 섞은 고춧가루로 우동이나 메밀국수에 넣어 먹는다. 비율과 함량은 지방에 따라 다소 차이가 나는데 간사이 지방의 경우 고춧가루, 산초, 파래, 진피, 참깨, 마씨, 양귀비씨의 비율이 1 : 1 : 1 : 1 : 1 : 0.5 : 0.5가 일반적이다. 최근에는 유자와 차조기 등을 혼합하여 십일미(十一味) 등의 상품명으로 판매하는 경우도 있다.

2. 조미료

음식의 맛을 더해 주는 식재료로 단맛을 내는 것, 감칠맛을 내는 것, 신맛을 내는 것, 짠맛을 내는 것, 촉감을 좋게 하는 것, 풍미를 좋게 하는 것 등으로 나눌 수 있다.

- 설탕(砂糖) : 흰설탕, 흑설탕, 황설탕으로 나눌 수 있으며, 설탕의 단맛은 신맛이나 쓴맛을 부드럽게 하고 전체의 맛을 순화해 주는 역할을 한다. 당분의 순도가 높을수록 냄새가 없는 단맛을 함유하며, 원료로는 사탕수수나 사탕무를 사용한다.
- 소금(鹽) : 모든 요리에 없어서는 안 될 귀중한 조미료이다. 소금을 사용하는 것으로 요리의 완성도가 결정된다. 맛을 조절할 뿐만 아니라 영양소의 파괴를 막아 주기도 하고, 저장성을 높여 주는 등 사용하는 범위가 넓으며 조리에 있어서 빼놓을 수 없는 재료이다.
- 간장(醬油) : 대두콩과 보리에 누룩과 식염수를 가하여 숙성시킨 것으로 짠맛, 신맛, 단맛, 감칠맛이 혼연일체가 되어 특유의 향기와 맛을 자아내며, 원료의 종류에 따라 그 맛이 다르다. 우리나라의 간장과 원료는 같으나 염도가 낮고 풍미가 좋다.
- 된장(味噌) : 각 지방마다 원료나 기후, 식습관에 맞게 만들어져 왔으며, 그 수는 수백 종에 달한다. 대두콩을 주원료로 하여 누룩, 쌀, 보리, 콩과 소금을 첨가하여 숙성한 것으로 크게 독특하고 담백한 맛의 붉은 된장, 단맛과 순한 맛의 흰 된장으로 나눈다. 우리나라 된장보다는 염도가 낮으며 우리 된장은 끓일수록 맛이 우러나지만 일본 된장은 향이 금방 날아가 버리므로 조리 시 오래 끓이지 않는다.
- 맛술(味淋) : 한 번 쪄낸 찹쌀을 소주에 잘 섞어서 누룩과 같이 발효ㆍ당화시킨 술의 일종으로 단맛을 내는 조미술이다. 설탕보다 품위 있는 감미로 고급스럽게 취급하며, 조리에 사용할 때 단맛뿐 아니라 광택을 내는 데도 사용한다. 요리에 풍미와 감미를 내기 위하여 쓰는 일본 특유의 조미료로 미림이라는 상표명이 더 유명하다.
- 청주(淸酒) : 요리에 풍미를 더해 주고, 어패류와 육류의 비린내와 누린내를 없애 주기도 한다. 아미노산, 유기산, 당류가 함유되어 있어 조리할 때 생기는 풍미, 향기를 널리 이용한다. 불필요한 알코올을 제거하기 위하여 끓이거나 불을 붙여 태우기도 하는데, 장시간 끓일 경우에는 끓이는 동안 증발해 버린다.
- 식초(酢) : 쌀이나 과실 등을 발효시켜 만든다. 시원하고 상쾌하며 산뜻한 산미는 식욕을 촉진시켜 전채 요리에 많이 사용하며 상쾌한 뒷맛을 남긴다. 단백질의 응고를 촉진하며, 방부 작용과 갈변 방지 등 여러 용도로 사용한다.
- 화학 조미료(味の素) : 현재 조미료로 이용하고 있는 MSG(Monosodium Glutamate)는 직접 어떠한 방향을 가진 것은 아니나 식품에 첨가하면 식품의 자연 맛을 증가시켜 주는 작용을 한다. 1908년 일본에서 다시마의 맛에서 고안해 낸 것으로 밀 단백, 대두, 사탕무 찌꺼기 등에서 제조하며 전 세계에서 널리 사용하고 있다. 또한 더욱 효능이 강한 핵산 조미료가 개발되어 애용되고 있다.

3. 기타 재료

- 가다랑어포(가쓰오부시:鰹節) : 가다랑어의 머리와 내장 등을 떼고 찜통에 찐 후 뼈를 발라내고 불에 쬐어 건조시킨 후 하룻밤 동안 그대로 두었다가 다시 불에 쬐어 건조시킨다.

이와 같은 과정을 수차례 반복하여 충분히 건조시킨 후 1~2일 햇볕에 쬐어 밀폐 상자에 넣고 약 2주가 지나면 푸른곰팡이가 핀다.

이것을 햇볕에 말린 뒤 다시 상자에 넣어 4~5회 반복하면 곰팡이가 거의 피지 않게 되어 완성품이 되는데, 이 과정까지 거의 4~5개월이 걸린다.

곰팡이를 피우는 까닭은 확실하지 않으나 지방분을 감소시키고 향미와 빛깔을 좋게 하는 효과가 있기 때문인 듯하다. 색은 붉은빛을 띤 독특한 흑갈색으로 윤기 있는 것이 좋고, 검은빛이 많거나 황갈색, 회갈색을 띠는 것은 좋지 않다.

- 다시마(곤부:昆布) : 한대, 아한대의 연안에 분포하는 한해성(寒海性) 식물로 우리나라에는 동해안 북부, 원산 이북의 함경남도, 함경북도 일대에서 자라는 것으로 알려져 있다.

  이 밖에 일본의 홋카이도(北海道)와 도호쿠(東北) 지방 이북 연안, 캄차카 반도, 사할린 섬 등의 태평양 연안에도 분포한다. 알긴산과 요오드, 칼륨 등의 무기 염류와 비타민, 글루탐산 등이 들어 있으며 국물을 내는 데 빼놓을 수 없는 재료이다.

- 연근(렌콘:蓮根) : 연의 뿌리로 표면의 껍질이 흰색 또는 회백색으로 표면에 상처가 없고, 굵고 잘 영글어 들어 보았을 때 무거운 것이 좋다. 또 마디마디가 구부러져 있지 않은 것을 선택한다.

- 곤약(곤냐쿠:崑蒻) : 구약나물의 땅속줄기를 가루로 만들어 반죽한 것을 석회유로 혼합해 끓는 물에 넣어 익힌 식품으로, 독특한 풍미와 씹히는 맛이 있다. 광택이 좋고 점착력이 강한 것을 선택한다. 곤약은 수분이 많기 때문에 조리하기 전에 가볍게 삶아 수분을 제거하여 단단하게 해 둔다. 칼로리가 전혀 없고, 정장 작용을 도와 다이어트 식품으로도 많이 이용한다.

- 순채(준사이:蓴菜) : 깨끗한 물이나 오래된 연못 또는 늪에서 자생하는 것으로, 잎이 둘둘 말려 있고, 표면은 우무(寒天)로 덮여 있다. 봄에서 여름까지가 제철이다. 가볍게 데친 후 찬물에 헹궈 수분을 제거하여 사용한다. 병조림으로도 구할 수 있다.

- 우무(간텐:寒天) : 우뭇가사리를 채취하여 동결 건조시킨 것으로, 마치 투명한 지푸라기 같은 모양이다. 물에 담가 불렸다가 물을 넣어 끓이면 풀어져 형체가 없어지고, 식으면 단단하게 굳어 버린다. 이러한 응고력을 이용하여 요칸(羊羹) 등 일본 과자에 많이 사용한다. 가벼우면서 광택이 좋고 탄력이 있는 것이 좋다.

- 유부(아부라아게:油揚げ) : 두부를 얇게 저며 수분을 제거하고 기름에 튀긴 것으로, 두껍게 튀긴 것은 조림 또는 꼬치의 재료에, 또 방금 구운 것은 간장에 곁들여 먹으면 별미이다. 유부를 그대로 사용하면 기름기가 많고 뻣뻣하기 때문에 끓는 물에 데쳐 낸 후 찬물에 헹구어 물기를 꼭 짜서 여분의 기름기를 제거하고 사용하는 것이 좋다.

- 오이절임(나라즈케:奈良漬け) : 술지게미를 술과 소주, 맛술 등으로 조미한 절임통에 오이를 넣어 절인 것으로, 술의 방향과 감칠맛을 맛볼 수 있다. 오이는 미리 소금에 절여 여분의 수분을 제거해 둔다.

- 염교(락쿄:辣菲) : 중국 남부가 원산지인 백합과의 여러해살이풀로, 알은 짧고 동글동글하며 작고 단단한 것을 선택한다. 장아찌에 적합하며 초밥에 곁들여 먹는다.

- 매실절임(우메보시:梅干し) : 매실을 붉은 차조기잎을 사용하여 소금과 식초로 절인 장아찌 종류로, 색이 붉으며 도시락이나 주먹밥에 넣어 저장성을 좋게 한다.

- 단무지(다쿠안:澤庵) : 수분이 많은 무에 쌀겨와 소금을 혼합한 것을 무친 후 비교적 장기간 절인다. 재료 그 자체의 수분으로 쌀겨가 발효되며, 쌀겨에 함유되어 있는 균의 작용으로 특유의 감칠맛이 난다.
- 도미(다이:鯛) : 붉돔, 옥돔, 돌돔, 샛돔 등 여러 가지 종류가 있으며, 단단한 비늘과 지느러미를 가졌다. 일본 사람들이 가장 좋아하는 생선으로 감칠맛이 나고 담백하며 고소하다. 회, 조림, 찜, 구이 등 다양한 조리 방법이 있다.
- 학꽁치(사요리:細魚) : 일반 꽁치가 살색이 붉고 비린내가 많은 데 비해 학꽁치는 살색이 희고 담백하며 비린내가 적어 횟감으로 널리 이용한다.
  호리호리하고 등이 은백색이며, 밑턱이 5~6cm 튀어나와 있는 모습이 마치 학의 부리와도 같아 학꽁치라고 불린다. 살색은 희지만 속의 내장이 검기 때문에 일본에서는 겉모습은 말쑥하나 마음이 시커먼 사람을 '사요리 같은 사람'이라고 표현한다.
- 전어(고노시로:鰶) : 등지느러미의 제일 뒷부분 가시가 길게 늘어져 있고 그 길이는 25cm 정도이다. 전어는 8~12cm로 성장했을 때를 '고하다(小鰭)'라 일컫는다. 고하다는 지방이 알맞게 올랐을 때 특히 초밥 재료로 빼놓을 수 없다. 맛은 별미인데 잔뼈가 많으며 12~2월이 제철이다.
- 다랑어(마구로:鮪) : 가슴부터 꼬리 부분까지 흐르는 옆선이 선명하고, 등부분 후반은 아름다운 보랏빛을 띠고 있다. 등부분에 잔잔한 비늘이 있고 살이 부드럽다. 5~6월이 제철이며, 종류에 따라 횟감, 통조림 등 다양한 용도로 사용한다.

⑥ 일본 요리의 테이블 매너

1. 테이블 세팅

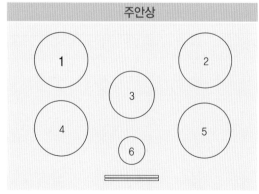

1. 구이(야키모노)　　2. 회(무코즈케)　　3. 초회(스노모노)
4. 맑은국(스이모노)　5. 조림(니모노)　　6. 술잔

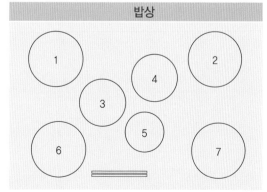

1. 구이(야키모노)　　2. 회(무코즈케)　　3. 초회(스노모노)
4. 맑은국(스이모노)　5. 채소절임(고노모노=오신코)
6. 밥(고한)　　　　　7. 된장국(미소시루)

2. 식사 방법

일본에서는 일반적으로 식탁에 나온 음식에는 반드시 젓가락을 대는 것이 그 요리를 만든 사람의 호의에 답하는 예절이며, 음식에 전혀 젓가락을 대지 않고 물리게 되면 실례를 범한다고 생각한다.

식사하기 전에는 반드시 인사를 하고 젓가락을 들어야 하고, 자세를 바르게 하고 음식 먹는 소리가 나지 않도록 주의하며, 밥 · 국 · 차 등 작은 접시에 담은 음식은 들어서 입 가까이 대고 먹는다.

전채는 가장 아름답게 가꾼 요리로 눈으로 즐기면서 먹는다. 국은 양손으로 그릇을 들어 왼손 위에 올려놓고 먹는다. 밥을 먹을 때는 젓가락 끝을 국에 넣어 조금 축인 다음 먹고, 국은 젓가락으로 건더기를 누르고 마신다. 국 대접은 뚜껑이 있으므로 왼손으로 그릇을 잡고 오른손으로 뚜껑을 열어서 뒤집어 놓고 국 대접을 손으로 들어 국 속에 있는 국거리를 쳐다보면서 마신다.

회를 먹기 전에 우선 작은 접시에 간장을 따르고 와사비를 조금만 넣어 간장에 풀어 넣지 말고 회에 약간 발라서 겹쳐 먹는다. 나눔 젓가락으로 접시 가장자리에 담긴 것부터 개인 접시에 담아 간장과 와사비를 놓아 먹는다. 가운데 있는 것부터 먹는 것은 실례다.

조림은 한입에 먹기 클 경우, 그릇 속에서 젓가락으로 자르면서 먹도록 한다. 국물이 있는 조림은 왼손으로 그릇을 들고 먹기도 한다. 구이는 생선의 경우 머리 쪽 등에서부터 한 점씩 떼어서 먹는다. 먹고 난 후에는 뼈를 모아 흉하지 않도록 정리한다.

마지막으로 밥과 국이 나오면 식사의 마무리 단계로, 먼저 두 손으로 국을 들어 마신 후 젓가락으로 밥을 먹는다. 차를 마실 때는 찻잔을 두 손으로 들어 왼손으로는 찻잔을 받치고 오른손으로 찻잔을 쥐고 마신 다음 뚜껑을 다시 덮는다.

식사가 끝나면 앉았던 방석은 그대로 두고, 일어설 때는 발을 방석에서 살며시 옮겨 바닥으로 내려선다. 식사가 끝났다고 해서 먼저 일어나서는 안 된다. 웃어른이 먼저 일어난 후에 일어서며, 같이 덕담의 인사를 교환한다.

⑦ 일식 조리 기초 과정

1. 가다랑어국물(가쓰오다시) 만들기

❶ 찬물에 다시마를 넣어 끓으면 바로 건져 낸다.　❷ 불을 끈 후 가다랑어포를 넣는다.　❸ 가랑어포가 가라앉으면(10~15분 후) 면포에 걸러 맑은 국물을 준비한다.

2. 나비 만들기

❶ 당근을 나비 날개 모양으로 깎는다.

❷ 날개가 2장이 되도록 한 번 칼집을 넣고 두 번째에서 잘라 낸다.

❸ 더듬이와 몸통 아랫부분에 칼집을 넣고 그 사이에 꽂아 물에 담근다.

3. 매화꽃 만들기

❶ 당근을 오각형으로 썰어 다듬는다.

❷ 모서리의 중간에 0.5cm 정도 깊이로 칼집을 넣는다.

❸ 칼집 사이로 꽃잎을 5개 둥글게 깎아 낸다.

❹ 꽃잎 사이사이에 사선으로 칼집을 넣는다.

❺ 각각의 꽃잎을 경사지게 깎아 낸다.

❻ 완성한 꽃잎을 물에 담근다.

4. 배추말이 만들기

❶ 끓는 물에 배추를 줄기 부분부터 넣어 데친다.

❷ 쑥갓을 데쳐 찬물에 담가 식힌다.

❸ 김발 위에 배추를 나란히 깔고 쑥갓을 놓는다.

❹ 김발로 돌돌 말아 간다.

❺ 김발째 수분을 꼭 짠다.

❻ 배추말이를 어슷하게 썬다.

5. 무 채썰기

❶ 무를 얇게 돌려깎기한다.

❷ 가늘게 채를 썰어 물에 담근다.

❸ 무를 물에서 건져 내고 체에 밭쳐 물기를 뺀다.

6. 초생강 만들기

❶ 생강을 종이처럼 얇게 저며 썬다.

❷ 생강에 소금을 넣어 절인다.

❸ 끓는 물에 생강을 데쳐 매운맛을 뺀 후 식혀 담금초에 담가 둔다.

7. 학꽁치 손질하기

❶ 학꽁치의 머리를 자르고 배를 갈라 내장을 긁어낸다.

❷ 머리에서 꼬리 방향으로 포를 뜬다.

❸ 반대쪽도 같은 방법으로 포를 뜬다.

④ 살 가장자리의 잔뼈를 포 뜨듯이 제
거한다.

⑤ 살에 남은 불순물을 훑어 낸다.

⑥ 꼬리 쪽부터 껍질을 벗긴다.

8. 도미 손질하기

❶ 도미의 비늘을 꼬리에서 머리 방향으
로 긁어낸다.

❷ 아가미와 배에 칼집을 넣는다.

❸ 아가미와 내장을 빼낸다.

❹ 뼈 속의 불순물을 긁어낸다.

❺ 도미의 머리를 반으로 자른다.

❻ 꼬리 쪽에 ×자로 칼집을 넣고 살 부
분은 3장포를 뜬다.

9. 광어 손질하기

❶ 광어의 비늘을 포 뜨듯이 벗겨 낸다.

❷ 머리를 잘라 내고 내장을 깨끗이 제
거한다.

❸ 지느러미 부분에 칼집을 넣는다.

❹ 뼈에서 살을 포 떠서 분리한다.

❺ 살을 반으로 자른 후 검붉은 부분을 제거한다.

❻ 껍질과 살 사이에 칼을 넣어 밀어내듯 껍질을 벗겨 낸다.

10. 튀김 새우 손질하기

❶ 새우의 꼬리 윗마디를 남긴 채 껍질을 벗겨 낸다.

❷ 이쑤시개로 내장을 제거한다.

❸ 꼬리지느러미의 끝을 사선으로 잘라 낸다.

❹ 새우를 소금으로 닦은 후 물로 잘 씻는다.

❺ 배 쪽 마디에 사선으로 칼집을 넣는다.

❻ 손으로 꾹꾹 눌러 오그라들지 않게 펴 준다.

된장국

みそしる : 미소시루

⏱ 20분

**요구
사항**

주어진 재료를 사용하여 된장국을 만드시오.

1. 다시마와 가다랑어포(가쓰오부시)로 **가다랑어국물(가쓰오다시)**을 만드시오.

2. 1×1×1cm로 썬 **두부**와 **미역**은 데쳐서 사용하시오.

3. **된장**을 풀어 한소끔 끓여내시오.

일본 된장 40g, **건다시마**(5×10cm) 1장, **판두부** 20g, **실파**(1뿌리) 20g, **산초가루** 1g, **가다랑어포**(가쓰오부시) 5g, **건미역** 5g, **청주** 20mL

만드는 법

1. 건미역은 물에 불려 둔다.

2. 냄비에 찬물 1.5컵을 붓고 젖은 면포로 깨끗이 닦은 건다시마를 넣어 끓으면 건져 낸 후 불을 끄고 가다랑어포를 넣어 가라앉으면 면포에 걸러 가다랑어국물(가쓰오다시)을 준비한다.

3. 판두부는 1cm 크기의 정육면체로 썰어 끓는 물에 소금을 약간 넣고 데쳐 낸다.

4. 물에 불린 미역은 2cm 길이로 썰어 끓는 물에 소금을 약간 넣고 데친 후 찬물에 헹군다.

5. 실파는 송송 썰어 찬물에 헹궈 진을 씻어 낸다.

6. 냄비에 가다랑어국물을 넣고 일본 된장 1큰술을 체에 풀어 넣은 후 약한 불에서 끓이다가 도중에 떠오르는 거품을 걷어 내고 청주로 간을 한다.

7. 된장국을 약간 던 후 3의 데친 두부를 넣고 살짝 졸여 밑간한다.

8. 된장국 그릇에 밑간한 두부 10~15개 정도와 그와 같은 양의 미역을 담고 뜨거운 된장국을 8/10 정도 부은 후 송송 썬 실파를 띄우고 산초가루를 약간 뿌려 낸다.

▲ 끓는 물에 소금을 약간 넣고 두부를 데친다.

▲ 가다랑어국물에 된장을 풀어 끓인다.

▲ 그릇에 두부와 미역을 담고 된장국을 붓는다.

• 일본 된장은 센 불에서 오래 끓이면 특유의 향이 소실되므로 가능하면 약한 불로 단시간 끓이는 것이 좋다.

• 다시마에 가로로 칼집을 내어 끓이면 국물이 잘 우러난다.

• 일본 된장국은 숟가락을 사용하지 않고 입에 대고 마시므로 건더기의 분량을 적게 하는 것이 좋다.

도미머리맑은국

たいのすいもの: 다이노스이모노

⏱ **30분**

**요구
사항**

주어진 재료를 사용하여 도미머리맑은국을 만드시오.

1. 도미 머리 부분을 **반**으로 갈라 50~60g 크기로 사용하시오
   (단, 도미는 **머리**만 사용하여야 하며, 도미 몸통(살)을 사용할 경우 실격 처리된다.)
2. **소금**을 뿌려 놓았다가 끓는 물에 데쳐 손질하시오.
3. 다시마와 도미 머리를 넣어 은근하게 **국물**을 만들어 **간**하시오.
4. 대파의 흰 부분은 가늘게 **채(시라가네기)**를 썰어 사용하시오.
5. 간을 하여 각 곁들일 재료를 넣고 국물을 부어 완성하시오.

도미(200~250g. 도미 과제 중복 시 두 가지 과제에 도미 1마리 지급) 1마리, **대파**(흰 부분, 10cm) 1토막, **죽순** 30g, **소금**(정제염) 20g, **건다시마**(5×10cm) 1장, **국간장**(진간장으로 대체 가능) 5mL, **레몬** 1/4개, **청주** 5mL

만드는 법

1. 도미는 비늘을 긁어내고 머리 부분만 잘라 아가미를 제거한 후 모양을 살려 반으로 가른 다음, 깨끗이 씻어 물기를 제거하고 소금을 뿌려 둔다.

2. 물을 끓여 도미 머리에 부어 남은 비늘과 불순물을 제거한 후 찬물에 헹궈 건져 둔다.

3. 죽순은 모양을 살려 얇게 썰어 소금물에 데친 후 냄비에 담아 물, 국간장, 청주를 약간씩 넣고 조려 밑간이 들도록 한다.

▲ 죽순을 조려 밑간이 들도록 한다.

4. 레몬은 껍질 부분을 오리발 모양으로 포를 떠 놓는다.

5. 대파는 가늘게 채를 썰어 찬물에 헹궈 둔다(시라가네기).

6. 냄비에 찬물 1.5컵을 붓고 건다시마와 도미 머리를 넣어 끓기 시작하면 다시마는 건져 내고 약한 불에서 은근히 끓인다.

▲ 레몬 껍질로 오리발 모양을 만든다.

7. 6의 도미 머리가 익으면 떠오르는 거품과 불순물을 걷어 내고 소금과 청주로 간을 한다.

8. 그릇에 도미 머리와 죽순을 담고 뜨거운 국물을 8/10 정도 부은 후 오리발 모양으로 포를 떠 놓은 레몬 껍질과 채 썬 대파(시라가네기)를 띄워 낸다.

▲ 도미 머리를 은근히 끓인다.

• 도미는 불순물이 없도록 깨끗하게 씻어야 비린내가 나지 않고 국물이 깨끗하다.
• 도미는 특유의 향을 살리기 위하여 가다랑어포로 국물을 내지 않는다.

대합맑은국
はまぐりのすましじる : 하마구리노스마시지루

⏱ 20분

 **요구
사항** 주어진 재료를 사용하여 대합맑은국을 만드시오.

1. 조개 상태를 확인한 후 **해감**하여 사용하시오.

2. **다시마**와 백합 조개를 넣어 끓으면 다시마를 건져 내시오.

백합 조개(개당 40g, 5cm 내외) 2개, **쑥갓** 10g, **레몬** 1/4개, **청주** 5mL, **소금**(정제염) 10g, **국간장**(진간장으로 대체 가능) 5mL, **건다시마**(5×10cm) 1장

만드는법

1. 백합 조개는 서로 부딪혀 보아 맑은 차돌 소리가 나는 싱싱한 것인지 확인하고 소금물에 담가 해감한다.

2. 쑥갓은 연한 속잎을 골라 싱싱해지도록 찬물에 담가 두고, 레몬은 껍질 부분을 오리발 모양으로 포를 떠 놓는다.

3. 건다시마는 젖은 면포로 닦는다.

4. 냄비에 찬물 1.5컵을 붓고 백합 조개와 건다시마를 넣어 중간 불에서 삶는다.

5. 4가 끓기 시작하면 다시마를 건져 낸 후 불을 줄이고 은근히 끓이다가 백합 조개가 입을 열면 건져 낸다.

6. 조개껍데기에서 조갯살을 떼어 낸 후 다시 껍데기에 넣고 국그릇에 담아 놓는다.

7. 국물은 깨끗한 면포에 걸러 국간장과 소금, 청주로 간을 하고 뜨거운 상태로 6의 국그릇에 8/10 정도를 부은 후 쑥갓잎과 오리발 모양의 레몬 껍질을 띄워 낸다.

▲ 쑥갓잎은 찬물에 담가 두고, 레몬 껍질은 포를 뜬다.

▲ 조개를 은근히 끓인다.

▲ 조갯살을 껍데기에서 떼어 낸다.

• 조개의 눈을 제거하면 입을 열지 않아 국물 맛이 우러나지 않으므로 눈을 제거하지 않는다.

갑오징어명란무침
こういかのたらこあえ : 고이카노다라코아에

⏱ 20분

 **요구
사항** 주어진 재료를 사용하여 다음과 같이 갑오징어명란무침을 만드시오.

1. 명란젓은 껍질을 제거하고 **알만** 사용하시오.

2. 갑오징어는 속껍질을 제거하여 사용하시오.

3. 갑오징어를 소금물에 데쳐 0.3×0.3×5cm 크기로 썰어 사용하시오.

갑오징어 몸살 70g, **명란젓** 40g, **무순** 10g, **소금**(정제염) 10g, **청차조기잎**(시소, 깻잎으로 대체 가능) 1장

만드는 법

1. 무순과 청차조기잎은 싱싱해지도록 찬물에 담가 놓는다.
2. 갑오징어 몸살은 양쪽의 얇은 막을 깨끗이 제거하고 끓는 물에 소금을 넣어 살짝 데친 후 얇게 포를 떠서 길이 5cm, 두께 0.3cm 크기로 가늘게 채 썬다.
3. 명란젓은 표면의 고춧가루를 긁어서 따로 준비해 놓은 후 명란젓 끝부분에 칼집을 넣어 칼등으로 살살 밀어내 속의 알을 모두 긁어낸다.
4. 2의 갑오징어 몸살과 3의 긁어낸 명란을 볼에 넣고 젓가락을 사용하여 원을 그려 가며 골고루 버무린다.
5. 긁어서 따로 준비해 둔 고춧가루를 4에 넣어 색이 연한 분홍빛이 되도록 조절하고 소금으로 간을 한다.
6. 접시에 물기를 제거한 청차조기잎을 깔고 갑오징어명란무침을 소복하게 담은 후 무순의 물기를 제거하고 끝부분을 잘라 다듬어 장식하여 낸다.

▲ 갑오징어는 얇게 포를 뜬다.

▲ 명란젓의 알을 칼등으로 긁어낸다.

▲ 갑오징어와 명란을 잘 섞는다.

- 포를 뜬 갑오징어는 한 장 한 장 칼금을 그어 가듯이 채를 썰어야 얇게 썰어진다.
- 갑오징어나 긁어낸 명란젓의 알이 끈기가 많을 때에는 물에 헹군 후 면포에 밭쳐 물기를 제거한 후 버무린다.
- 청주의 온도가 너무 뜨거워 갑오징어 몸살이 익어 버리지 않도록 주의한다.

문어초회
たこのすのもの : 다코노스노모노

⏱ 20분

**요구
사항**

주어진 재료를 사용하여 다음과 같이 문어초회를 만드시오.

1. 가다랑어국물을 만들어 **양념초간장(도사스)**을 만드시오.
2. 문어는 삶아서 **4~5cm** 길이로 **물결 모양 썰기(하조기리)**를 하시오.
3. 미역은 손질하여 **4~5cm** 크기로 사용하시오.
4. 오이는 **둥글게 썰거나 줄무늬(자바라) 썰기** 하여 사용하시오.
5. 문어초회 접시에 **오이**와 **문어**를 담고 **양념초간장(도사스)**을 끼얹어 **레몬**으로 장식하시오.

문어다리(생문어, 80g) 1개, **건미역** 5g, **레몬** 1/4개, **오이**(가늘고 곧은 것, 길이 20cm) 1/2개, **소금**(정제염) 10g, **식초** 30mL, **건다시마**(5×10cm) 1장, **진간장** 20mL, **흰설탕** 10g, **가다랑어포**(가쓰오부시) 5g
[**양념초간장**(도사스)] 식초·흰설탕·가다랑어국물 1큰술씩, 진간장 1작은술

만드는 법

1. 건미역은 물에 담가 불려 놓는다.

2. 냄비에 찬물을 1/2컵 정도 붓고 젖은 면포로 깨끗이 닦은 건다시마를 넣어 끓으면 건져 낸 후 불을 끄고 가다랑어포를 넣어 가라앉으면 면포에 걸러 가다랑어국물(가쓰오다시)을 준비한다(가다랑어국물 1큰술 필요).

3. 문어는 소금으로 주물러 깨끗이 씻은 후 끓는 물에 소금과 약간의 진간장, 식초를 넣고 삶아 식혀 둔다.

4. 오이는 소금으로 문질러 씻어 가시를 제거한 다음, 반 정도 깊이로 어슷하게 칼집을 넣은 후 뒤집어서 반대편도 같은 모양으로 칼집을 넣고 소금물에 절여 오이 자바라를 만든다.

5. 물에 불린 미역은 끓는 물에 소금을 넣고 살짝 데친 후 찬물에 헹궈 물기를 빼 둔다.

6. 냄비에 분량의 식초, 흰설탕, 가다랑어국물, 진간장을 넣고 흰설탕이 녹도록 아주 살짝 끓여 양념초간장(도사스)을 만든다.

7. 오이 자바라는 물기를 꼭 짜서 양 끝부분을 잘라 내고 2cm 정도 길이로 잘라 비틀어 칼집 모양이 선명하게 보이도록 한 후 그릇에 담는다.

8. 데친 미역은 4~5cm 길이로 잘라 오이 자라바 옆에 가지런히 담는다.

9. 문어는 지저분한 껍질을 제거하고 4~5cm 길이로 물결 모양 썰기(하조기리)를 한 후 그릇에 줄을 맞춰 담는다.

10. 레몬 1조각을 잘라 곁들이고 양념초간장(도사스)을 골고루 끼얹어 낸다.

▲ 끓는 물에 소금, 간장, 식초를 넣고 문어를 삶는다.

▲ 칼집을 넣어 가며 문어 포를 뜬다.

▲ 양념초간장(도사스)을 끼얹는다.

• 문어는 너무 오래 삶으면 질겨지므로 크기에 따라 삶는 시간을 조절한다.
• 문어는 칼의 각도를 리듬감 있게 조절하면서 포를 떠야 선명한 물결무늬를 낼 수 있다.

해삼초회
なまこのすのもの : 나마코노스노모노

⏱ 20분

**요구
사항**

주어진 재료를 사용하여 다음과 같은 해삼초회를 만드시오.

1. 오이를 둥글게 썰거나 줄무늬(자바라) 썰기 하여 사용하시오.
2. 미역을 손질하여 4~5cm로 써시오.
3. 해삼은 내장과 모래가 없도록 손질하고 힘줄(스지)을 제거하시오.
4. 빨간 무즙(아카오로시)과 실파를 준비하시오.
5. 양념초(폰즈)를 끼얹어 내시오.

지급 재료

해삼(fresh) 100g, **오이**(가늘고 곧은 것, 길이 20cm) 1/2개, **건미역** 5g, **실파**(1뿌리) 20g, **무** 20g, **레몬** 1/4개, **소금**(정제염) 5g, **건다시마**(5×10cm) 1장, **가다랑어포**(가쓰오부시) 10g, **식초** 15mL, **진간장** 15mL, **고춧가루**(고운 것) 5g
[**양념초(폰즈)**] 진간장 · 식초 · 가다랑어국물 1큰술씩

만드는 법

1. 건미역은 물에 담가 불려 놓는다.

2. 냄비에 찬물을 1/2컵 정도 붓고 젖은 면포로 깨끗이 닦은 건다시마를 넣어 끓으면 건져 낸 후 불을 끄고 가다랑어포를 넣어 가라앉으면 면포에 걸러 가다랑어국물(가쓰오다시)을 준비한다(가다랑어국물 1큰술 필요).

3. 해삼은 양끝을 잘라 정리하고 배 쪽에 칼집을 넣어 내장과 힘줄, 모래집을 제거한 다음, 소금으로 비벼 씻고 뜨거운 물을 끼얹은 후 찬물에 담가 둔다.

▲ 해삼의 양끝을 자르고 내장, 힘줄, 모래집을 제거한다.

4. 오이는 소금으로 문질러 씻어 가시를 제거한 다음, 반 정도 깊이로 어슷하게 칼집을 넣은 후 뒤집어서 반대편도 같은 모양으로 칼집을 넣고 소금물에 절여 오이 자바라를 만든다.

5. 물에 불린 미역은 끓는 물에 소금을 넣고 살짝 데친 후 찬물에 헹궈 물기를 뺀다.

▲ 오이에 칼집을 넣고 소금물에 절여 오이 자바라를 만든다.

6. 무는 강판에 갈아 물기를 짠 후 고운 고춧가루를 넣고 버무려 빨간 무즙(아카오로시)을 만든다.

7. 실파는 푸른 부분을 송송 썰어 물에 헹궈 진을 씻어 낸다.

8. 분량의 진간장, 식초, 가다랑어국물을 넣고 양념초(폰즈)를 만든다.

9. 오이 자바라는 물기를 꼭 짜서 양끝 부분을 잘라 내고 2cm 정도 길이로 잘라 비틀어 칼집 모양이 선명하게 보이도록 한 후 그릇에 담는다.

▲ 끓는 물에 소금을 넣고 미역을 살짝 데친다.

10. 데친 미역은 4~5cm 길이로 잘라 오이 자라바 옆에 가지런히 담는다.

11. 해삼을 한입 크기로 썰어 그릇 앞에 담고 빨간 무즙, 실파, 레몬을 한곳에 모아 담은 후 양념초(폰즈)를 골고루 끼얹어 낸다.

정보

• 해삼을 도마에 탁탁 던지듯이 치면 늘어져 있던 살이 오그라들면서 탄력이 생긴다.

• 그릇에 완성품을 담을 때는 주재료가 그릇 앞쪽에 놓이도록 한다.

달걀찜

たまごむし : 다마고무시

요구사항

주어진 재료를 사용하여 다음과 같이 달걀찜을 만드시오.

1. 은행은 삶고, 밤은 구워서 사용하시오.
2. 간장으로 밑간한 닭고기와 나머지 재료는 1cm 크기로 썰어 데쳐서 사용하시오.
3. 가다랑어포로 다시(국물)를 만들어 식혀서 달걀과 섞으시오.
4. 레몬껍질과 쑥갓을 올려 마무리하시오.

달걀 1개, **새우**(약 6~7cm) 1마리, **어묵**(판어묵) 15g, **생표고버섯**(10g) 1/2개, **밤** 1/2개, **가다랑어포**(가쓰오부시) 10g, **닭고기살** 20g, **은행**(겉껍질 깐 것) 2개, **흰생선살** 20g, **쑥갓** 10g, **진간장** 10mL, **소금**(정제염) 5g, **청주** 10mL, **레몬** 1/4개, **죽순** 10g, **건다시마**(5×10cm) 1장, **이쑤시개** 1개, **맛술**(미림) 10mL

만드는 법

1. 쑥갓은 연한 속잎을 골라 싱싱해지도록 찬물에 담가 놓고, 레몬은 껍질 부분을 오리발 모양으로 포를 떠 놓는다.

2. 냄비에 찬물 1컵 정도를 붓고 젖은 면포로 깨끗이 닦은 건다시마를 넣어 끓으면 건져 낸 후 불을 끄고 가다랑어포를 넣어 가라앉으면 면포에 걸러 다시(국물)를 준비한다.

3. 달걀은 잘 풀어 소금과 청주로 간을 한 후 달걀 2배 분량의 다시(보통 1/2컵)를 넣고 섞어 고운체나 면포에 걸러 알끈과 불순물을 제거한다.

4. 밤은 꼬챙이에 꽂아 표면을 살짝 구운 후 사방 1cm 크기의 정육면체로 썬다.

5. 닭고기살은 간장으로 밑간한 후 밤과 같은 크기로 썰고 흰생선살도 같은 크기로 썬다.

6. 새우는 껍질을 벗기고 내장을 제거한 후 5의 재료와 같은 크기로 썰고 어묵, 죽순, 생표고버섯도 모두 같은 크기로 썬다.

7. 준비한 위의 재료들을 끓는 물에 살짝 데치고 은행도 데쳐 속껍질을 제거한다.

8. 7에서 데쳐 놓은 재료들을 찜 그릇에 담은 후 3의 달걀물을 8/10 정도 조심스럽게 붓고 위에 뜬 거품을 걷어 낸 다음, 알루미늄 호일로 덮어씌운다.

9. 찜 그릇의 절반 정도가 찰 만큼의 물을 냄비에 붓고 뚜껑을 덮어 끓으면 찜 그릇을 넣고 약한 불로 10분간 찐 후 달걀찜이 익으면 오리발 모양의 레몬 껍질과 쑥갓잎을 얹어 낸다.

▲ 달걀에 간을 한 후 다시를 넣고 섞어 체에 내린다.

▲ 밤은 꼬챙이에 꽂아 표면을 살짝 굽는다.

▲ 호일을 덮어씌운 후 중탕하여 찐다.

정보

• 약한 불로 천천히 쪄야 부드럽고 매끄러운 달걀찜을 만들 수 있다.

• 버섯 같은 가벼운 재료들은 찌는 도중 떠오르기 쉬우므로 그릇의 밑부분에 놓고, 그 위에 밤이나 죽순처럼 무게가 있는 재료를 놓는 것이 좋다.

도미술찜
たいのさけむし : 다이노사케무시

⏱ 30분

 **요구
사항** **주어진 재료를 사용하여 다음과 같이 도미술찜을 만드시오.**

1. 머리는 **반**으로 자르고, 몸통은 **세장뜨기**하시오.

2. 손질한 도미살을 5~6cm로 자르고 **소금**을 뿌려, 머리와 꼬리는 데친 후 **불순물**을 **제거**하시오.

3. **청주**를 섞은 다시(국물)에 쪄내시오.

4. 당근은 **매화꽃**, 무는 **은행잎** 모양으로 만들어 익혀 내시오.

5. 초간장(폰즈)과 양념(야쿠미)을 만들어 내시오.

지급 재료

도미(200~250g) 1마리, **배추** 50g, **당근**(둥근 모양으로 잘라서 지급) 60g, **무** 50g, **판두부** 50g, **생표고버섯**(20g) 1개, **죽순** 20g, **쑥갓** 20g, **레몬** 1/4개, **청주** 30mL, **건다시마**(5×10cm) 1장, **진간장** 30mL, **식초** 30mL, **고춧가루**(고운 것) 2g, **실파**(1뿌리) 20g, **소금**(정제염) 5g

[술찜 양념] 다시(국물) · 청주 2큰술씩, 소금 1/2작은술 / [초간장] 진간장 · 식초 · 다시(국물) 1큰술씩
[양념] 무 간 것 20g, 고춧가루 1/2작은술, 송송 썬 실파 약간, 레몬 1조각

만드는 법

1. 도미는 비늘을 긁어내고 배에 칼집을 넣어 아가미와 내장을 제거한 후 머리, 몸통, 꼬리를 5~6cm로 3등분한다. 머리는 반으로 자르고, 몸통은 세장뜨기하여 살만 포를 뜨고, 꼬리는 ×자로 칼집을 넣은 후 지느러미를 ∨자로 모양낸다. 손질한 도미에 소금을 뿌려 놓았다가 끓는 물에 머리와 꼬리를 데쳐 불순물을 제거한다.

▲ 도미 꼬리와 머리를 끓는 물에 데친다.

2. 냄비에 찬물을 1/2컵 정도 부은 후 젖은 면포로 깨끗이 닦은 건다시마를 넣고 끓여 다시(국물)를 만들고(다시 3큰술 필요), 청주는 냄비에 넣고 살짝 끓여 알코올이 날아가도록 해 둔다.

3. 쑥갓은 잎 부분은 떼어 싱싱해지도록 찬물에 담가 두고, 줄기 부분은 데친다. 무는 30g은 은행잎 모양으로 깎아 끓는 물에 소금을 넣어 1/3 정도가 익을 만큼 삶고, 나머지 20g은 양념용으로 남겨 놓는다. 당근은 매화꽃 모양으로 다듬어 무 정도로 삶는다.

▲ 생표고버섯에 별 모양으로 칼집을 넣는다.

4. 배추는 삶아서 반으로 갈라 김발 위에 2cm 정도 겹치게 나란히 놓고, 그 위에 데친 쑥갓을 얹어 말아 물기를 짠 후 가장자리를 잘라내고 어슷하게 썬다. 판두부는 두께 2cm, 폭 2.5cm, 길이 4cm 정도 크기로 썰고, 죽순은 빗살 모양을 살려 0.3cm 두께로 얇게 썰어 데친다. 생표고버섯은 기둥을 떼고 껍질 쪽에 별 모양으로 칼집을 넣는다.

5. 찜 그릇에 배추말이, 무, 판두부를 담은 후 죽순, 당근, 표고버섯을 세워 담고, 앞쪽에 다시마를 깔고 그 위에 도미 머리, 살, 꼬리를 보기 좋게 세워 놓는다.

▲ 술찜 양념을 골고루 끼얹는다.

6. 다시(국물) 2큰술, 청주 2큰술, 소금 1/2작은술을 잘 섞은 후 5의 재료 위에 골고루 뿌려 냄비에 넣고 15~20분간 중탕하다가 남겨 놓은 쑥갓잎을 넣어 2분 정도 뜸을 들인 후 꺼낸다.

7. 양념용 무는 강판에 갈아 물기를 짠 후 고운 고춧가루로 잘 버무려 붉게 색을 내고, 실파는 푸른 잎을 송송 썰어 물에 헹궈 진을 빼고 물기를 제거한 다음, 가장자리를 손질한 레몬과 함께 그릇에 보기 좋게 담는다. 분량의 재료로 초간장을 만들어 곁들여 낸다.

정보

• 냄비 뚜껑을 면포로 감싸서 덮어 주면 수증기가 찜통 안으로 떨어지지 않는다.

도미조림
たいのにつけ : 다이노니쓰케

요구 사항

주어진 재료를 사용하여 다음과 같이 도미조림을 만드시오.

1. 손질한 도미를 5〜6cm로 자르고, 머리는 **반**으로 갈라 **소금**을 뿌리시오.

2. 머리와 꼬리는 데친 후 **불순물**을 **제거**하시오.

3. 도미를 냄비에 앉혀 양념하고, **오토시부타**(냄비 안에 들어가는 뚜껑이나 호일)를 덮으시오.

4. 완성 후 접시에 담고 **생강채**(하리쇼가)와 **채소**를 **앞쪽**에 담아내시오.

도미(200~250g) 1마리, **우엉** 40g, **꽈리고추**(2개) 30g, **통생강** 30g, **흰설탕** 60g, **청주** 50mL, **진간장** 90mL, **소금**(정제염) 5g, **건다시마**(5×10cm) 1장, **맛술**(미림) 50mL

[조림 양념] 다시(국물) 1컵, 청주 · 흰설탕 · 맛술 3큰술씩, 진간장 5큰술

만드는 법

1. 도미는 비늘을 긁어내고 배에 칼집을 넣어 아가미와 내장을 제거한 후 머리, 몸통, 꼬리를 5~6cm로 3등분한다. 머리는 반으로 갈라 놓고, 몸통은 살만 포를 뜨고, 꼬리는 ×자로 칼집을 넣은 후 지느러미를 ∨자로 모양낸다. 손질한 도미에 소금을 골고루 뿌려 놓았다가 끓는 물에 머리와 꼬리를 데쳐 불순물을 제거한다.

2. 젖은 면포로 깨끗이 닦은 건다시마와 찬물 1.5컵을 냄비에 넣고 끓여 다시(국물)를 만든다.

3. 우엉은 껍질을 벗긴 후 물에 담가 갈변을 방지한다.

4. 통생강은 껍질을 벗겨 돌려 깎은 후 가늘게 채를 썰어 물에 담가 둔다(하리쇼가).

5. 우엉은 물기를 제거한 후 5cm 길이 나무젓가락 굵기로 썰고, 꽈리고추는 꼭지 부분을 다듬어 둔다.

6. 다시(국물) 1컵, 간장 3큰술, 청주 3큰술, 맛술 3큰술, 설탕 3큰술을 냄비에 넣고 손질한 도미와 우엉을 넣는다.

7. 알루미늄 호일을 냄비 크기보다 조금 작게 만들고 군데군데 구멍을 뚫어 오토시부타를 만들어 도미 위를 덮어 조린다.

8. 중간에 간장을 추가해가며 색과 간을 조절하고, 어느 정도 조려지면 꽈리고추를 넣어 변색되지 않을 정도로 조린다.

9. 남은 국물을 2큰술 정도 전체적으로 끼얹어 윤기가 나도록 하고, 생강채(하리쇼가)의 물기를 제거하여 곁들여 낸다.

▲ 생강을 돌려 깎은 후 채를 썰어 물에 담가 둔다.

▲ 냄비에 도미와 우엉을 넣고 양념한 후 오토시부타를 덮어 조린다.

▲ 꽈리고추를 넣고 조린다.

- 간장과 설탕의 양은 도미 크기에 따라 2~3번에 나눠가며 조절해 쓰는 것이 좋고, 도미 껍질이 냄비 바닥에 닿으면 달라붙을 수 있으므로 주의한다.
- 조림을 할 때 간이 잘 배도록 하기 위해 냄비 속에 넣어 사용하는 뚜껑을 오토시부타라고 하는데 나무, 금속, 종이 재질 등 다양하며, 조리기능사시험에서는 알루미늄 호일을 사용하는 것이 편리하다.

김초밥
のりまき : 노리마키

⏱ 25분

**요구
사항** 주어진 재료를 사용하여 다음과 같이 김초밥을 만드시오.

1. 박고지, 달걀말이, 오이 등 **김초밥 속재료**를 만드시오.

2. 초밥초를 만들어 밥에 **간**하여 식히시오.

3. 김초밥은 **일정한 두께**와 **크기**로 **8등분**하여 담으시오.

4. 간장을 곁들여 제출하시오.

지급 재료

김(초밥김) 1장, **밥**(뜨거운 밥) 200g, **청차조기잎**(시소. 깻잎으로 대체 가능) 1장, **오이**(가늘고 곧은 것, 길이 20cm) 1/4개, **달걀** 2개, **박고지** 10g, **통생강** 30g, **오보로** 10g, **식초** 70mL, **흰설탕** 50g, **소금**(정제염) 20g, **식용유** 10mL, **진간장** 20mL, **맛술**(미림) 10mL

[초밥초] 식초 3큰술, 흰설탕 2큰술, 소금 1/2큰술 / [박고지 조림장] 진간장 · 흰설탕 · 맛술 1큰술씩, 물 1컵

만드는 법

1. 청차조기잎은 싱싱해지도록 찬물에 담가 둔다.

2. 냄비에 분량의 식초, 흰설탕, 소금을 넣고 살짝 끓여 초밥초를 만든다.

3. 밥이 뜨거울 때 초밥초를 넣어 나무주걱으로 고루 섞으며, 한 손으로는 부채질하여 체온 정도로 식혀 초밥을 만든 후 젖은 면포로 덮어 둔다(초밥초는 다 쓰지 말고 초생강용을 남겨 둔다).

4. 통생강은 껍질을 벗기고 종이처럼 얇게 저며 소금에 절였다가 끓는 물에 소금을 넣고 데친 후 3에서 남겨 둔 초밥초에 담가 초생강을 만든다.

5. 박고지는 뜨거운 물에 담가 부드러워지면 잘 주물러 씻은 다음, 분량의 조림장 재료를 넣고 국물이 없어질 때까지 조린 후 남은 물기를 훑어 낸다.

6. 오이는 소금으로 주물러 씻은 후 씨 부분을 도려내고 1cm 두께에 김과 같은 길이로 다듬어 준비한다.

7. 달걀은 잘 풀어 소금 2/3작은술, 흰설탕 1작은술, 물 2큰술을 넣고 고루 섞은 후 체에 내린다.

8. 팬을 달궈 식용유를 살짝 두르고 달걀물의 절반을 부어 겉면이 마르기 전에 말아 가다가 남은 달걀물을 붓고 마저 말아 준 후 김발을 사용하여 모양을 잡아 1cm 두께로 김 길이에 맞춰 자른다.

9. 김을 살짝 구워 꺼칠한 쪽이 보이게 김발 위에 놓고 초밥을 김 크기의 4/5 정도 깐 다음, 초밥 가운데 오이, 달걀말이, 조린 박고지, 오보로를 나란히 놓고 밥의 끝과 끝이 만나도록 단번에 말아 주고 양 끝을 정리한다.

10. 젖은 면포로 칼날을 닦으면서 김초밥을 일정한 두께와 크기로 8등분한다.

11. 접시에 김초밥을 보기 좋게 담고, 접시 오른쪽 아래에 물기를 제거한 청차조기잎을 깐 후 초생강을 놓고 진간장을 곁들여 낸다.

▲ 밥에 초밥초를 넣고 버무린다.

▲ 박고지에 양념을 하여 조린다.

▲ 밥 위에 재료를 나란히 놓는다.

정보

• 손에 물을 묻히고 밥을 만지면 손에 밥알이 달라붙지 않는다.

• 초밥을 썰 때는 손에 힘을 빼고 톱질하듯 썰어야 깨끗하게 썰어진다.

생선초밥
にぎりずし : 니기리즈시

⏱ 40분

**요구
사항**

주어진 재료를 사용하여 다음과 같이 생선초밥을 만드시오.

1. 각 생선류와 채소를 **초밥용**으로 손질하시오.

2. **초밥초(스시스)**를 만들어 밥에 **간**하여 식히시오.

3. 곁들일 초생강을 만드시오.

4. **쥔초밥(니기리즈시)**을 만드시오.

5. 생선초밥은 **6종류 8개**를 만들어 제출하시오.

6. 간장을 곁들여 내시오.

지급 재료

참치살(붉은색 참치살, 아카미) 30g, **광어살**(3×8cm 이상, 껍질 있는 것) 50g, **새우**(30~40g) 1마리, **학꽁치**(꽁치, 전어로 대체 가능) 1/2마리, **도미살** 30g, **문어**(삶은 것) 50g, **밥**(뜨거운 밥) 200g, **청차조기잎**(시소, 깻잎으로 대체 가능) 1장, **통생강** 30g, **고추냉이**(와사비분) 20g, **식초** 70mL, **흰설탕** 50g, **소금**(정제염) 20g, **진간장** 20mL, **대꼬챙이**(10~15cm) 1개
[초밥초(스시스)] 식초 3큰술, 흰설탕 2큰술, 소금 1/2큰술

만드는 법

1. 청차조기잎은 싱싱해지도록 찬물에 담가 둔다.

2. 참치살은 소금물에 담가 해동한 후 건져서 면포로 감싸 둔다.

3. 광어는 살만 포를 떠서 껍질을 벗긴 후 도미살과 함께 면포로 감싸 둔다.

4. 학꽁치는 머리와 내장을 제거하고 포를 뜬 후 잔뼈를 제거하고 껍질을 벗긴다.

5. 냄비에 분량의 식초, 흰설탕, 소금을 넣고 살짝 끓여 초밥초(스시스)를 만든다.

6. 밥이 뜨거울 때 초밥초를 넣어 나무주걱으로 고루 섞으며, 한 손으로는 부채질하여 체온 정도로 식혀 초밥을 만든 후 젖은 면포로 덮어 둔다(초밥초는 다 쓰지 말고 초생강용을 남겨 둔다).

7. 통생강은 껍질을 벗기고 얇게 저며 소금에 절였다가 끓는 물에 소금을 넣고 데친 후 6에서 남겨 둔 초밥초에 담가 초생강을 만든다.

8. 고추냉이(와사비분)는 찬물에 부드럽게 개어 놓는다.

9. 새우는 다리 쪽에 이쑤시개를 넣고 소금물에 삶아 식힌 후 꼬리 마디만 남긴 채 껍질을 벗기고 배 쪽에 칼집을 넣어 등이 붙어 있도록 하여 살을 양쪽으로 편다.

10. 삶은 문어는 물결무늬를 내어 포를 뜬다.

11. 참치살, 광어살, 도미살, 학꽁치살은 각각 길이 7cm 정도로 포를 뜬다.

12. 오른손으로 초밥을 가볍게 쥐고, 왼손에 생선살을 놓은 후 오른손 집게손가락에 고추냉이를 묻혀 생선살 안쪽 가운데에 바른 다음, 그 위에 초밥을 놓고 모양을 잡는다. 문어와 새우도 같은 방법으로 모양을 잡는다.

13. 접시에 45° 각도로 초밥을 4개씩 2줄로 나란히 담고, 접시 오른쪽에 물기를 제거한 청차조기잎을 깐 후 초생강을 놓고 진간장을 곁들여 낸다(좌상우하의 법칙에 따라 담는다).

▲ 생선살은 포를 떠 놓는다.

▲ 생선살 안쪽에 고추냉이를 바른다.

▲ 생선살에 밥을 얹어 모양을 잡는다.

정보

• 손에 밥을 쥐기 전에 식초물을 묻히면 밥알이 달라붙지 않아 초밥을 만들기 편하다.

• 초밥은 8개를 1인분으로 하여 만든다.

참치김초밥
てっかまき : 뎃카마키

⏱ 20분

 요구사항 주어진 재료를 사용하여 **참치김초밥**을 만드시오.

1. 김을 **반 장**으로 자르고, 눅눅하거나 구워지지 않은 김은 구워 사용하시오.

2. 고추냉이와 초생강을 만드시오.

3. 초밥 2줄은 일정한 크기 **12개**로 잘라 내시오.

4. 간장을 곁들여 제출하시오.

참치살(붉은색 참치살, 아카미) 100g, **고추냉이**(와사비분) 15g, **청차조기잎**(시소, 깻잎으로 대체 가능) 1장, **김**(초밥김) 1장, **밥** (뜨거운 밥) 120g, **통생강** 20g, **식초** 70mL, **흰설탕** 50g, **소금**(정제염) 20g, **진간장** 10mL
[초밥초] 식초 2큰술, 흰설탕 1.5큰술, 소금 1작은술

만드는 법

1. 청차조기잎은 싱싱해지도록 찬물에 담가 두고, 김은 눅눅하지 않게 보관한다.

2. 참치살은 소금물에 담가 절반 정도 녹인 후 건져서 면포에 감싸 해동한다.

3. 냄비에 분량의 식초, 흰설탕, 소금을 넣고 살짝 끓여 초밥초를 만든다.

4. 밥이 뜨거울 때 초밥초를 넣어 나무주걱으로 고루 섞으며, 한 손으로는 부채질하여 체온 정도로 식혀 초밥을 만든 후 젖은 면포로 덮어 둔다(초밥초는 다 쓰지 말고 초생강용을 남겨 둔다).

5. 통생강은 껍질을 벗기고 종이처럼 얇게 저며 소금에 절였다가 끓는 물에 소금을 넣고 데친 후 4에서 남겨 둔 초밥초에 담가 초생강을 만든다.

6. 고추냉이(와사비분)는 찬물에 부드럽게 개어 놓는다.

7. 해동한 참치살은 물기를 제거한 후 김 길이에 맞춰 자른다.

8. 김은 살짝 구워 반으로 잘라 꺼칠한 쪽이 보이게 김발 위에 놓은 후 끝을 2cm 정도만 남기고 초밥을 고르게 깔고, 초밥 한가운데에 찬물에 갠 고추냉이를 길게 바른 후 참치살을 얹는다.

9. 밥의 끝과 끝이 단번에 만나도록 말아서 네모지게 모양을 내고, 양 끝부분을 눌러 밥알이 빠지지 않도록 매끄럽게 정리한다. 이렇게 2줄을 만다.

10. 1줄을 6등분하여 총 12개의 참치김초밥을 만들어 보기 좋게 접시에 세워 담고, 접시 한쪽에 물기를 제거한 청차조기잎을 깐 후 초생강을 놓고 진간장을 곁들여 낸다.

▲ 참치살을 절반 정도 녹인 후 면포에 감싸 해동한다.

▲ 초밥 위에 고추냉이를 바른다.

▲ 김발을 사용하여 돌돌 말아 준다.

• 참치김초밥의 높이가 일정하도록 같은 길이로 정확히 썬다.
• 참치가 한가운데에 위치하도록 주의해서 만다.

소고기덮밥

ぎゅうにくのどんぶり : 규니쿠노돈부리

30분

요구 사항

주어진 재료를 사용하여 다음과 같이 소고기덮밥을 만드시오.

1. 덮밥용 양념간장(돈부리다시)을 만들어 사용하시오.

2. 고기, 채소, 달걀은 재료 특성에 맞게 조리하여 준비한 밥 위에 올려놓으시오.

3. 김을 구워 칼로 잘게 썰어(**하리노리**) 사용하시오.

소고기(등심) 60g, **양파**(중, 150g) 1/3개, **실파**(1뿌리) 20g, **팽이버섯** 10g, **달걀** 1개, **김** 1/4장, **흰설탕** 10g, **진간장** 15mL,
건다시마(5×10cm) 1장, **맛술**(미림) 15mL, **소금**(정제염) 2g, **밥**(뜨거운 밥) 120g, **가다랑어포**(가쓰오부시) 10g
[덮밥용 양념간장(돈부리다시)] 진간장 · 흰설탕 1큰술씩, 맛술(미림) 1작은술, 소금 1/4작은술, 가다랑어국물 5큰술

만드는 법

1. 냄비에 찬물을 1컵 정도 붓고 젖은 면포로 깨끗이 닦은 건다시마
   를 넣어 끓으면 건져 낸 후 불을 끄고 가다랑어포를 넣는다. 가
   다랑어포가 가라앉으면 면포에 걸러 가다랑어국물(가쓰오다시)을
   준비한다(가다랑어국물 5큰술 필요).

2. 팽이버섯은 밑동을 자른 후 반으로 갈라 서로 붙어 있는 부분을 손
   으로 뜯어 둔다.

3. 양파는 결 방향으로 가늘고 고르게 채 썰고, 실파는 4cm 길이로
   썬다.

4. 소고기는 결 반대 방향으로 얇게 썰어 놓는다.

5. 김은 살짝 구워 가늘게 채 썰고(하리노리), 달걀은 젓가락으로 적
   당히 저어 풀어 준다.

6. 그릇에 밥을 미리 담고 윗면이 고르도록 다듬어 준비한다.

7. 냄비에 분량의 덮밥용 양념간장(돈부리다시) 재료를 넣고 끓으면
   소고기를 넣고 계속 끓이다가 도중에 올라오는 거품을 걷어 낸다.

8. 7에 양파를 넣고 끓으면 팽이버섯과 실파를 넣고, 풀어 놓은 달걀
   을 냄비 바깥쪽에서 안쪽으로 원을 그리듯이 붓는다.

9. 달걀이 70% 정도 익으면 불을 끄고 밥 위에 조심스럽게 얹은 후
   가운데에 김(하리노리)을 살짝 올려 마무리한다.

▲ 재료를 각각 썰어 준비한다.

▲ 소고기와 양파를 넣고 익힌다.

▲ 원을 그리듯 달걀을 붓는다.

정보

• 달걀은 너무 오래 끓이면 수분이 마르므로 유의한다.
• 고기는 익으면 크기는 줄고 두께는 두꺼워지므로 되도록 얇고 넓게 썰도록 한다.

전복버터구이

あわびのバ夕ーやき : 아와비노바타야키

🕐 **25분**

**요구
사항**

주어진 재료를 사용하여 다음과 같이 전복버터구이를 만드시오.

1. 전복은 껍데기와 내장을 분리하고 칼집을 넣어 **한입 크기**로 어슷하게 써시오.

2. 내장은 모래주머니를 제거하고 데쳐서 사용하시오.

3. 채소는 **전복의 크기**로 써시오.

4. 은행은 속껍질을 벗겨 사용하시오.

지급 재료

전복(2마리, 껍데기 포함) 150g, **청차조기잎**(시소, 깻잎으로 대체 가능) 1장, **양파**(중, 150g) 1/2개, **청피망**(중, 75g) 1/2개, **청주** 20mL, **은행**(중간 크기) 5개, **버터** 20g, **검은 후춧가루** 2g, **소금**(정제염) 15g, **식용유** 30mL

만드는 법

1. 청차조기잎은 씻어서 찬물에 담가 싱싱하게 보관해 놓는다.

2. 전복은 소금으로 문질러 씻은 후 껍데기와 살 사이에 숟가락을 넣어 살을 밀어내듯 떼어 낸 다음, 살에 붙어 있는 내장을 따로 분리해 놓고 전복 한쪽 끝에 붙어 있는 이빨을 칼로 잘라 제거한다.

3. 분리해 둔 전복 내장은 끓는 물에 소금을 넣어 데치고, 전복살은 껍데기가 붙어 있던 부분에 칼집을 넣은 후 0.5cm 정도 두께의 한 입 크기(3~4cm 정도)로 어슷하게 저며 썬다.

4. 양파와 청피망은 전복 크기에 맞춰 가로 3cm, 세로 4cm 정도 크기로 썰어 놓는다.

5. 팬을 달궈 식용유를 두른 후 은행을 넣고 약간의 소금으로 간을 하여 속껍질이 벗겨질 정도로 볶은 후 키친타월로 감싸 문질러 가며 남은 속껍질을 벗겨 낸다.

6. 다시 팬을 달궈 식용유를 1큰술 정도 두른 후 전복살을 넣고 볶는다.

7. 전복이 절반 정도 익으면 양파와 청피망을 넣고 같이 볶다가 버터, 청주, 소금, 검은 후춧가루를 넣고 볶는다.

8. 7에 은행과 전복 내장을 넣고 살짝 볶아 낸다.

9. 청차조기잎의 물기를 털어 낸 후 접시에 놓고 전복버터구이를 담아낸다.

▲ 전복 이빨을 제거한다.

▲ 양파와 피망을 썬다.

▲ 은행 속껍질을 벗겨 낸다.

정보

- 전복 내장을 분리할 때 터지지 않도록 주의한다.
- 전복은 암수에 따라 내장의 색이 짙은 청색을 띠거나 엷은 살구색을 띤다.

소고기간장구이

ぎゅうにくのてりやき : 규니쿠노데리야키

⏱ 20분

 **요구
사항** 주어진 재료를 사용하여 다음과 같이 소고기간장구이를 만드시오.

1. 양념간장(다래)과 생강채(하리쇼가)를 준비하시오.

2. 소고기를 두께 1.5cm, 길이 3cm로 자르시오.

3. 프라이팬에 구이를 한 다음 **양념간장(다래)**을 발라 완성하시오.

소고기(등심, 덩어리) 160g, **건다시마**(5×10cm) 1장, **통생강** 30g, **검은 후춧가루** 5g, **진간장** 50mL, **산초가루** 3g, **청주** 50mL, **소금**(정제염) 20g, **식용유** 100mL, **흰설탕** 30g, **맛술**(미림) 50mL, **깻잎** 1장
[**양념간장**(다래)] 청주 · 진간장 · 흰설탕 · 맛술 2큰술씩, 다시(국물) 4큰술

만드는 법

1. 깻잎은 찬물에 담가 싱싱해지도록 준비해 둔다.

2. 소고기는 1.5cm 정도 두께로 두툼하게 포를 떠서 칼등으로 잘 두드리고 칼끝으로 잔칼집을 넣은 후 소금과 검은 후춧가루를 살짝 뿌려 밑간한다.

3. 냄비에 찬물을 1/2컵 정도 붓고 젖은 면포로 깨끗이 닦은 건다시마를 넣고 끓여 다시(국물)를 만든다(다시 4큰술 필요).

4. 냄비에 청주 2큰술을 넣고 불을 붙여 알코올을 제거한 후 분량의 진간장, 흰설탕, 맛술, 다시(국물)를 넣고 은근히 졸여 양념간장(다래)을 만든다.

5. 통생강은 껍질을 벗기고 얇게 저미거나 돌려 깎아 가늘게 채를 썰어 물에 담가 생강채(하리쇼가)를 만든다.

6. 달군 팬에 식용유를 두르고 밑간한 소고기를 얹어 센 불에서 겉면을 익힌다.

7. 준비한 양념간장(다래)을 6의 소고기에 앞뒤로 발라 가며 타지 않도록 굽기를 3번 반복한다(이때 양념간장은 다 사용하지 말고 조금 남겨 둔다).

8. 소고기가 중간(미디엄) 정도로 익으면 두께 1.5cm, 길이 3cm 정도로 결 반대 방향으로 썬 후 물기를 제거한 깻잎을 접시에 깔고 그 위에 가지런히 담는다.

9. 남겨 둔 양념간장을 소고기 윗면에 살짝 끼얹고 산초가루를 얌전히 뿌린 후 접시 오른쪽 아랫부분에 생강채(하리쇼가)를 곁들여 낸다.

▲ 고기를 포 떠서 잔칼집을 넣는다.

▲ 프라이팬 위에 고기를 놓고 굽는다.

▲ 양념간장을 발라 가며 굽는다.

• 고기를 너무 약한 불에서 구우면 수분이 많이 빠져나와 고기의 육즙이 마르고 질감이 뻣뻣해진다.
• 양념간장은 식으면 농도가 뜨거울 때보다 더욱 걸쭉해지므로 적당히 농도가 나면 불을 끄는 것이 좋다.

삼치소금구이
さわらのしおやき : 사와라노시오야키

⏱ 30분

 요구 사항

주어진 재료를 사용하여 다음과 같이 삼치소금구이를 만드시오.

1. 삼치는 **세장뜨기**한 후 소금을 뿌려 10~20분 후 씻고 **쇠꼬챙이**에 끼워 구워내시오.

2. 채소는 각각 **초담금 및 조림**을 하시오.

3. 구이 그릇에 삼치소금구이와 곁들임을 담아 완성하시오.

4. 길이 **10cm** 크기로 **2조각**을 제출하시오.

※ 쇠꼬챙이를 사용하지 않을 경우 요구 사항의 조리기구를 사용하지 않아 채점 대상에서 제외되므로 실격 처리된다.

지급 재료

삼치(400~450g) 1/2마리, **레몬** 1/4개, **깻잎** 1장, **소금**(정제염) 30g, **무** 50g, **우엉** 60g, **식용유** 10mL, **식초** 30mL, **건다시마** (5×10cm) 1장, **진간장** 30mL, **흰설탕** 30g, **청주** 15mL, **흰 참깨**(볶은 것) 2g, **쇠꼬챙이**(30cm) 3개, **맛술**(미림) 10mL

[담금초] 식초 2큰술, 흰설탕 1큰술, 다시(국물) 2큰술, 소금 1작은술
[우엉 조림장] 진간장 · 청주 1큰술씩, 맛술 1/2큰술, 흰설탕 1/2큰술, 다시(국물) 1컵

만드는 법

1. 깻잎은 찬물에 담가 싱싱해지도록 해 두고, 우엉은 껍질을 벗겨 식초물에 담가 둔다.

2. 젖은 면포로 깨끗이 닦은 건다시마와 찬물 1.5컵 정도를 냄비에 넣고 끓여 다시(국물)를 만든다.

3. 삼치는 내장을 제거하고 세장뜨기하여 가운데 뼈와 잔가시를 제거한 후 깨끗이 씻어 물기를 닦아 낸 다음, 등 쪽으로 칼집을 넣고 소금을 넉넉하게 뿌려 밑간이 들도록 한다.

4. 무는 1.5cm 높이로 다듬어 아랫부분이 0.5cm 정도 붙어 있을 깊이로 가로세로 잔칼집을 넣어 국화꽃을 만든 후 소금물에 절였다가 물기를 제거하고 분량의 담금초에 담가 맛이 배도록 한다.

5. 우엉은 물기를 제거하고 4cm 길이에 나무젓가락 굵기로 잘라 냄비에 식용유를 약간 두르고 볶다가 분량의 우엉 조림장을 넣어 윤기 나게 조린 후 흰 참깨를 살짝 뿌린다.

6. 소금 간이 밴 삼치는 물에 한번 씻어 물기를 닦아 내고 다시 껍질 쪽에 소금을 살짝 뿌린 후 쇠꼬챙이에 꽂아 껍질 쪽부터 노릇노릇하게 굽는다.

7. 삼치가 앞뒤로 골고루 익으면 물기를 제거한 깻잎을 접시에 깔고 그 위에 얹은 다음, 무로 만든 국화꽃에 레몬 껍질을 조금 잘라 올려 장식하고 우엉조림을 보기 좋게 담은 후 레몬을 곁들인다.

▲ 삼치에 칼집을 넣고 소금을 뿌린다.

▲ 무로 국화꽃을 만든다.

▲ 우엉 조림장에 우엉을 조린다.

정보

• 삼치는 껍질이 벗겨지거나 살이 부서지지 않도록 굽는다.
• 삼치는 너무 센 불에 구우면 겉이 타 버리고, 너무 약한 불에 구우면 수분이 빠져 뻣뻣하고 맛이 없어지므로 불과의 거리를 잘 조절한다.

달걀말이

だしまきたまご : 다시마키다마고

요구사항

주어진 재료를 사용하여 다음과 같이 달걀말이를 만드시오.

1. 달걀과 가다랑어국물(가쓰오다시), 소금, 설탕, 맛술(미림)을 섞은 후 가는 체에 걸러 사용하시오.
2. **젓가락**을 사용하여 달걀말이를 한 후 **김발**을 이용하여 **사각 모양**을 만드시오.
   (단, 달걀을 말 때 주걱이나 손을 사용할 경우는 감점 처리된다.)
3. 길이 8cm, 높이 2.5cm, 두께 1cm로 썰어 **8개**를 만들고, 완성되었을 때 틈새가 없도록 하시오.
4. 달걀말이(다시마키)와 간장무즙을 접시에 보기 좋게 담아내시오.

지급 재료

달걀 6개, **흰설탕** 20g, **건다시마**(5×10cm) 1장, **소금**(정제염) 10g, **식용유** 50mL, **가다랑어포**(가쓰오부시) 10g, **맛술**(미림) 20mL, **무** 100g, **진간장** 30mL, **청차조기잎**(시소, 깻잎으로 대체 가능) 2장

[필요한 도구] 달걀말이프라이팬(사각팬) 1개, 김발 1개, 젓가락 1개, 키친페이퍼 1개, 강판 1개, 고운체 1개

만드는 법

1. 청차조기잎은 찬물에 담가 싱싱해지도록 하고, 무는 강판에 간다.

2. 냄비에 찬물 1컵을 붓고 젖은 면포로 깨끗이 닦은 건다시마를 넣어 끓으면 건져 낸 후 불을 끄고 가다랑어포를 넣어 가라앉으면 면포에 걸러 가다랑어국물(가쓰오다시)을 만든다.

3. 냄비에 가다랑어국물 100mL(1/2컵)와 소금 2g(1작은술), 흰설탕 20g(1.5큰술), 맛술 20mL(1큰술)를 넣고 살짝 끓여 양념 국물을 만든다.

▲ 달걀에 양념 국물을 넣어 섞은 후 체에 거른다.

4. 볼에 달걀 6개를 깨서 흰자와 노른자가 고루 섞이도록 잘 풀어 준 후 **3**의 양념 국물을 넣고 다시 잘 풀어 고운체에 밭쳐 알끈과 불순물을 제거한다.

5. 사각팬에 식용유를 넉넉히 둘러 달군 후 기름을 따라 낸다.

6. 다시 사각팬을 달궈 식용유를 살짝 두른 후 **4**의 달걀물을 1국자 떠 넣고 고르게 퍼지도록 한 다음, 윗면이 마르지 않은 상태에서 손잡이 방향으로 만다.

▲ 사각팬에 달걀물을 부어 가며 달걀말이를 만든다.

7. 달걀을 손잡이 부분까지 모두 말았으면 반대쪽으로 밀어 낸 후 다시 달걀물을 붓고 달걀을 살짝 들어 달걀물과 말아 놓은 달걀이 연결되도록 한다. 이런 동작을 되풀이하여 폭 8cm, 높이 2.5cm 정도의 달걀말이가 되도록 네모반듯하게 말아 간다.

8. 달걀말이가 뜨거울 때 김발로 감싸 모양을 잡은 후 적당히 식으면 1cm 두께로 썬다.

▲ 김발로 모양을 반듯하게 잡는다.

9. 갈아 놓은 무는 진간장으로 살짝 간하고 색을 곱게 물들여 간장무즙을 만든다.

10. 접시에 달걀말이를 담은 후 물기를 제거한 청차조기잎을 깔고 간장무즙을 곁들여 낸다.

정보

• 기름이 너무 많거나 온도가 높으면 달걀이 부풀어 올라 기포가 생기면서 썰었을 때 빈 공간이 생기므로 주의한다.

• 지나치게 오래 익히면 달걀이 단단해지고 색이 푸르게 변하므로 익히는 시간을 잘 조절하는 것이 좋다.

우동볶음
やきうどん : 야키우동

⏲ 30분

 **요구
사항** 주어진 재료를 사용하여 다음과 같이 우동볶음(야키우동)을 만드시오.

1. 새우는 껍질과 내장을 제거하고 사용하시오.

2. 오징어는 솔방울 무늬로 칼집을 넣어 1×4cm 크기로 썰어서 데쳐 사용하시오.

3. 우동은 데쳐서 사용하고, 숙주를 제외한 나머지 채소는 4cm 길이로 썰어 사용하시오.

4. 가다랑어포(하나가쓰오)를 고명으로 얹으시오.

우동 150g, **작은 새우**(껍질 있는 것) 3마리, **갑오징어 몸살**(물오징어로 대체 가능) 50g, **양파**(중, 150g) 1/8개, **숙주** 80g, **생표고버섯** 1개, **당근** 50g, **청피망**(중, 75g) 1/2개, **가다랑어포**(하나가쓰오, 고명용) 10g, **청주** 30mL, **진간장** 15mL, **맛술**(미림) 15mL, **식용유** 15mL, **참기름** 5mL, **소금** 5g

만드는 법

1. 새우는 껍질을 벗기고 이쑤시개를 사용하여 내장을 제거한다.

2. 갑오징어 몸살은 껍질을 벗기고 내장이 있던 안쪽에 대각선 방향으로 0.3cm 간격의 솔방울 무늬 잔칼집을 넣은 후 가로 방향으로 폭 4cm, 길이 1cm 크기로 썬 다음, 끓는 물에 소금을 넣고 데친다. 이때 새우도 살짝 데친다.

3. 양파와 당근, 청피망은 4cm 정도 길이로 채를 썰고, 표고버섯도 물기를 제거하고 기둥을 뗀 후 같은 크기로 썬다.

4. 숙주는 머리와 꼬리를 제거해 놓는다.

5. 끓는 물에 우동을 넣고 살짝 데친 후 찬물에 헹궈 물기를 제거해 놓는다.

6. 팬을 달궈 식용유를 1큰술 두르고 양파, 당근, 표고버섯 순서로 볶다가 새우와 갑오징어, 숙주, 청피망을 넣고 볶는다.

7. 6에 우동을 넣고 진간장, 청주, 맛술을 넣어 간을 하여 볶는다.

8. 마지막으로 소금으로 부족한 간을 하고 참기름으로 맛을 낸다.

9. 우동볶음을 접시에 담은 후 뜨거울 때 가다랑어포를 고명으로 얹어 낸다.

▲ 갑오징어 몸살에 대각선으로 잔칼집을 넣는다.

▲ 물을 끓여 우동을 데친다.

▲ 재료들을 팬에 넣고 볶는다.

정보

• 숙주, 양파, 청피망 등 채소들이 너무 숨이 죽지 않도록 센 불로 단시간에 볶아 낸다.

• 우동은 나중에 볶아서 한 번 더 익히므로 데칠 때 면이 퍼지지 않도록 주의한다.

• 생표고버섯이 지급될 경우 기둥을 떼고 끓는 물에 데쳐 사용하고 불린 건표고버섯의 경우에는 데치지 않고 그대로 사용한다.

메밀국수
ざるそば : 자루소바

⏱ 30분

 요구 사항

주어진 재료를 사용하여 다음과 같이 메밀국수(자루소바)를 만드시오.

1. 소바다시를 만들어 **얼음**으로 차게 식히시오.

2. 메밀국수는 삶아 **얼음**으로 차게 식혀서 사용하시오.

3. 메밀국수는 접시에 **김발**을 펴서 그 위에 올려 내시오.

4. 김은 가늘게 채 썰어(**하리노리**) 메밀국수에 얹어 내시오.

5. 메밀국수, 양념(야쿠미), 소바다시를 각각 따로 담아내시오.

메밀국수(생면, 건면 100g으로 대체 가능) 150g, **무** 60g, **실파**(2뿌리) 40g, **김** 1/2장, **고추냉이**(와사비분) 10g, **가다랑어포**(가쓰오부시) 10g, **건다시마**(5×10cm) 1장, **진간장** 50mL, **흰설탕** 25g, **청주** 15mL, **맛술**(미림) 10mL, **각얼음** 200g
[다시 양념] 진간장 2큰술, 흰설탕 1/2큰술, 청주 1큰술, 맛술(미림) 2작은술

만드는 법

1. 건다시마는 젖은 면포를 사용하여 겉부분의 하얀 가루를 닦아 낸 후 냄비에 담고 물 1컵 분량을 넣어 한소끔 끓인다.

2. 1의 국물이 끓으면 다시마를 건져 낸 후 불을 끄고 가다랑어포를 넣어 10분 정도 우린 다음, 면포에 걸러 다시(국물)를 준비한다.

3. 냄비에 분량의 진간장, 흰설탕, 청주, 맛술을 넣고 흰설탕이 녹도록 살짝 끓여 다시 양념을 만든다.

4. 2의 다시(국물)에 3의 다시 양념을 넣고 섞어 그릇에 담은 후 각얼음을 담은 그릇 위에 올려 차게 식혀 시원한 소바다시를 준비한다.

5. 무는 껍질을 벗기고 강판에 갈아 고운체에 밭친 후 수돗물을 살살 틀어서 살짝 헹궈 매운맛을 빼고 물기를 짜 놓는다.

6. 실파는 송송 썰어 물에 헹궈 물기를 빼놓는다.

7. 고추냉이는 동량의 찬물을 넣고 갠 후 미리 준비한 무, 실파와 같이 양념 그릇에 담아 놓는다.

8. 김은 살짝 구워 3cm 정도 길이로 가늘게 채 썰어(하리노리) 준비한다.

9. 냄비에 물을 넉넉히 붓고 끓으면 메밀국수를 넣고 도중에 찬물을 넣어 가며 삶는다.

10. 면이 다 삶아지면 각얼음을 넣은 물에 넣고 차게 식힌 후 사리를 지어 물기를 뺀 다음, 접시에 김발을 적당한 크기로 접어 놓고 그 위에 올린다.

11. 채 썰어 놓은 김(하리노리)을 메밀국수 위에 얹은 후 소바다시, 양념(야쿠미)과 함께 낸다.

▲ 얼음을 담은 그릇 위에 올려 소바다시를 차게 식힌다.

▲ 무를 강판에 간다.

▲ 도중에 물을 넣어 가며 면을 삶는다.

• 메밀에는 루틴이라는 성분이 들어 있어 혈압을 낮춰 주고 혈관을 튼튼히 해 주지만 소화가 쉽게 되지 않으므로 소화 효소가 풍부한 무와 같이 먹으면 좋다.

• 메밀국수는 면을 찬물에 식혀 손으로 끊어 보아 중심에 심이 남지 않을 때까지 삶아야 완전히 익은 것이다.

- 만드는 순서에 유의하며, 위생과 숙련된 기능 평가를 위하여 조리 작업 시 맛을 보지 않는다.
- 지정된 수험자 지참 준비물 이외의 조리 기구나 재료를 시험장 내에 지참할 수 없다.
- 지급 재료는 시험 전 확인하여 이상이 있을 경우 시험위원으로부터 조치를 받고 시험 중에는 재료의 교환 및 추가 지급은 하지 않는다.
- 요구 사항 및 지급 재료의 규격은 **"정도"의 의미를 포함**하며, 지급된 **재료의 크기에 따라 가감하여 채점**한다.
- 위생복, 위생모, 앞치마, 마스크를 착용하여야 하며, 시험장비·조리기구 취급 등 안전에 유의한다.
- 다음 사항은 **실격에 해당하여 채점 대상에서 제외**된다.
  (가) 수험자 본인이 시험 중 시험에 대한 포기 의사를 표현하는 경우
  (나) 위생복, 위생모, 앞치마, 마스크를 착용하지 않은 경우
  (다) 시험 시간 내에 과제 **세 가지**를 제출하지 못한 경우
  (라) 독 제거작업과 작업 후 안전처리가 완전하지 않은 경우
  (마) 완성품을 요구 사항의 과제(요리)가 아닌 다른 요리(예 복어회 → 복어초밥)로 만든 경우
  (바) 불을 사용하여 만든 조리작품이 작품특성에 벗어나는 정도로 타거나 익지 않은 경우
  (사) 지정된 수험자 지참 준비물 이외의 조리기술에 영향을 줄 수 있는 기구를 사용한 경우
  (아) 가스레인지 화구 2개 이상(2개 포함) 사용한 경우
  (자) 시험 중 시설·장비(칼, 가스레인지 등) 사용 시 시험위원 및 타수험자의 시험 진행에 위해를 일으킬 것으로 시험위원 전원이 합의하여 판단한 경우
  (차) 부정행위에 해당하는 경우
- 항목별 배점은 위생/안전 **10점**, 복어부위감별 **5점**, 조리기술 **70점**, 작품의 평가 **15점**이다.
- 제1과제 복어부위별 감별 작성 시 비번호 및 답안작성은 검은색 필기구만 사용하여야 하며, 그 외 연필류, 유색 필기구, 지워지는 펜 등의 필기구를 사용하여 작성할 경우 0점 처리된다. 답안 정정 시에는 정정하고자 하는 단어에 두 줄(=)을 긋고 다시 작성하거나 수정테이프(수정액 제외)를 사용하여 정정한다.
- 시험 시작 전 가벼운 몸 풀기(스트레칭) 동작으로 긴장을 풀고 시험을 시작한다.

복어
조리 기능사
실기

복어는 복어목 참복과에 속하는 어류의 총칭으로, 복어 요리는 오늘날 많은 사람들에게 애호되고 있다. 하지만 복어에 대한 올바른 지식의 부족과 잘못된 처리 때문에 중독을 일으켜 아까운 생명을 잃어버리는 사람이 끊이지 않고 있다는 것은 유감스러운 일이다.

"복어는 먹고 싶고 목숨은 아깝고."라는 일본 속담은 복어는 진미이지만 독이 있어 먹으면 죽는 일도 있다는 말로, 죽음과도 바꿀 수 있는 맛이라는 뜻을 나타낸다.

복어는 담백하고 매우 감칠맛 나는 어육을 지닌 초고급 생선(超高級生鮮)이다. 특히 난소와 간 등 내장에 아주 강한 맹독을 지니고 있으므로 복어 조리 기능사 자격증을 취득한 유자격자(有資格者) 이외에는 조리를 할 수 없다.

크기는 천차만별이며, 둥근감이 있는 어체(魚體)는 갈빗대(늑골, 肋骨)와 비늘이 없기 때문에 배를 자유자재로 부풀릴 수도 있다. 작은 등지느러미와 꼬리지느러미로 헤엄치기 때문에, 이런 지느러미를 움직이는 근육이 발달해 있다.

내장 등에 함유하고 있는 독은 테트로도톡신(tetrodotoxin)이라고 하는 아주 무서운 맹독으로, 성인 33명을 한꺼번에 죽일 수 있는 양이다. 신경을 마비시키는 독이 청산가리의 3,000배에 달하는 복어도 있다. 이 독소는 물에 녹지 않고 열, 소화, 효소, 황산 등에 파괴되지 않으며, 겨울에 증가하여 산란기인 5~7월 사이에 최고조에 달한다.

연구 결과 이 독은 식물연쇄(食物連鎖)에 의해 축적된다고 밝혀졌다. 그러나 많은 종류의 복어 중 일반적으로 식용되어 온 것은 유독 부분을 제거해 충분히 안전한 것으로, 그 미각은 한번 맛보면 잊어버릴 수 없는 것이 되어 버렸다.

최근에는 복어의 육질이 개선되어 양질의 복어를 손에 넣을 수 있게 되었다.

이러한 연구 결과에 의해 최근에는 프로 조리사들도 양식(養殖)과 자연산(自然産)을 구별하기 어려울 정도로 양식 기술이 발달되었다. 독성이 강한 복어일수록 맛이 좋다고 하며, 흔히 복어 독으로 사고를 일으키는 경우는 자주복(범복)이 가장 많다.

② 복어의 형태

1. 외형

몸은 장난(長卵)형으로 표면이 매끈한 것과 작은 가시 비늘이 있는 것, 긴 가시 비늘이 있는 것, 두꺼운 판 모양의 비늘이 있는 것 등이 있다. 입은 작고 양턱에 각각 2개의 앞니 모양의 악치(顎齒)가 있고, 좌우로 있는 2개는 중앙 봉합선에 닿아 있다.

각 이빨은 유합하여 새의 부리 모양으로 된다. 가슴지느러미는 짧고 위쪽에 있으며, 바로 앞에 작은 새 공이 뚫려 있다. 지느러미는 모두 연조(軟條)로 되어 있다.

2. 내장

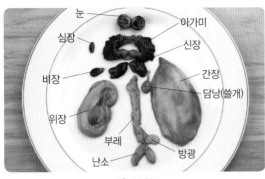

식용 불가능

정소와 난소의 구분

- 간장 : 복어 중독에 걸린 사람의 절반 이상이 바로 이 간장을 먹어 발생했으며, 여러 장기 중 크기가 가장 크다. 보통 생선의 간이 고소하고 부드럽기 때문에 그 맛을 느끼기 위하여 복어의 간을 먹는 경우가 있으나, 난소와 더불어 독성이 강한 부위이므로 반드시 제거해야 한다.

- 정소(精巢) : 이리(いり) 또는 시라코(しらこ)라고도 하며 수컷의 정자를 넣는 장기로 2개가 한 쌍으로 붙어 있으며, 유백색을 띠고 성숙한 것은 혈관이 거의 보이지 않는다. 광택이 있으며 공동(空胴)이 없고 난소와는 달리 몇몇 복어를 빼면 독이 없으므로 먹을 수 있는 부위이다.

- 난소(卵巢) : 암컷의 생식선으로 정소보다는 크기가 작으며, 색도 노란색에 가깝고 명태알처럼 좁쌀만한 알이 가득 차 있다. 좁쌀과 같은 알이 발육하지 않을 때에는 공동으로 주름이 많이 보인다. 가장 독성이 강한 부위로 절대 먹어서는 안 된다.

- 껍질 : 잔무늬복, 피안복, 검복, 까칠복 등의 갈색 또는 녹색 계통은 껍질에도 독을 지니고 있으므로 껍질만 먹었다 하더라도 중독 또는 중독사를 일으킬 수 있으므로 충분히 주의를 요한다. 표피가 검은 자주복, 까마귀복 등은 독이 없어 손질하여 먹으면 매우 쫄깃하고 씹히는 느낌이 독특하다.

- 복어살 : 대부분의 복어는 살에 독이 없지만 약한 독을 지니고 있는 종류도 있으므로 손질에 주의한다.

- 점액과 점막 : 점액은 피하지방, 배 부분의 막, 장 사이의 막 등과 같이 점막의 표면을 덮고 있다. 독이 완전히 없는 것은 아니나 중독 증상을 일으킬 만한 것은 아니다.

- 장(腸), 위(胃), 심장(心臟), 신장(腎臟) : 장, 위, 심장, 신장 등에는 맹독은 아니지만 독이 있어 식용하지 않는다.

- 혈액(血液) : 혈액은 여러 장기를 통하고 있기 때문에 반드시 독을 지녔을 것이라 생각하기 쉬우나, 실험 결과 무독성인 것이 밝혀졌다.

복어의 먹을 수 있는 부위와 먹을 수 없는 부위 구분

먹을 수 있는 부위(가식 부위)	먹을 수 없는 부위(불가식 부위)
입, 혀, 껍질, 지느러미, 살, 머리뼈 부분, 갈비뼈 부분, 정소(이리)	안구, 간장, 난소, 알, 위장, 아가미, 쓸개, 비장, 신장, 심장 등 정소를 제외한 내장

〈식용 가능한 복어의 부위〉

③ 복어의 종류

일반적으로 세계 각지에 서식하는 난해성 어류로, 그 종류는 대략 100여 종을 넘으며 우리나라 근해에도 30여 종 정도가 서식한다.

1. 자주복(도라후구 : とらふぐ)

범복 또는 참복이라고도 하며, 복어 중에서도 맛이 좋아 추운 겨울에 요리용으로 고가에 거래된다. 일반적으로 많이 사용하나 가장 많은 중독 증상을 일으키기도 한다. 몸체의 등 부분이 청록색을 띤 흑색으로 가슴지느러미 뒤에 큰 점이 있으며, 등 부분과 배 부분에 잔가시가 많다.

2. 검복(마후구:まふぐ)

몸체에는 작은 가시 하나도 없이 매끈하기 때문에 '반질복'이란 명칭도 가지고 있다. 몸 중앙에 노란색의 선명한 옆선이 있으며, 등 부분은 녹흑색이고 배 부분은 하얗다. 자주복처럼 별미는 아니지만 요리용, 건조용으로 폭넓게 사용하며, 우리나라에서는 겨울철에 많이 사용한다.

3. 까칠복(고마후구:こまふぐ)

일본에서는 '모래복'이라고 불리며, '깨복'이라고도 한다. 등 부분과 배 부분에 작은 가시가 있으며 뒷지느러미는 레몬색을 띠고 있다. 청갈색의 표피에 참깨를 뿌린 것처럼 회흑색의 반점이 있으며, 성어가 될수록 갈색이 없어지고 청흑색으로 변하며 몸체가 점점 길어진다.

4. 까치복(시마후구:しまふぐ)

'줄무늬복'이라는 이름으로도 많이 알려져 있으며, 등의 표면과 몸체의 표면에 흰줄무늬가 선명하게 흐르고 있다. 지느러미는 거의가 선명한 노란색으로 등 표면과 배 부분에 가시가 있다. 횟감으로는 잘 쓰지 않는다.

5. 밀복(사바후구:さばふぐ)

'고등어복'이라는 이름으로도 많이 불리며, 색이 흰 것을 '흰고등어복' 또는 '은밀복'이라고 한다. 몸체는 녹황색, 가슴지느러미와 등지느러미는 황색 또는 흰색이다. 위 테두리와 아래 테두리는 흰색 또는 황색이며 등과 배 부분에 작은 가시가 있다.

검은 것을 '검은고등어복' 또는 '흑밀복'이라 하고 몸 전체에 검은빛을 띤다. 가슴지느러미와 등지느러미는 암갈색, 꼬리지느러미는 중앙부가 튀어나와 있고, 꼬리지느러미의 상하 끝은 선명한 유백색이고 다른 부분은 흑색이며, 등과 배 부분에 작은 가시가 있다. 현재 우리나라 복어 조리 기능사에서 가장 많이 출제되는 재료가 바로 이 밀복으로 껍질이 얇고 살이 무르며 맛은 없는 편이다.

자주복   검복   까칠복

까치복   은밀복   흑밀복

참복과에 속하는 어류의 난소에 존재하는 맹독 물질인 테트로도톡신(tetrodotoxin)은 무색, 무미, 무취의 결정으로, 말초 신경 및 중추 신경에 강한 신경 마비를 일으키는 독이다. 복어를 프랑스에서는 테트로돈(tetrodon)이라 하는데, 여기에 독소를 뜻하는 톡신(toxin)이 합해져 테트로도톡신이라는 명칭이 붙었다. 난소와 간에 가장 많으며 치사율이 60%에 이른다. 난소의 중량이 최대가 되는 산란 직전(4~6월)에 복어 독의 양이 최대로 된다.

사람의 중독량은 2mg으로 중추 신경(호흡 중추, 혈관 운동, 신경 중추 등)과 말초 신경(지각, 운동 등)을 마비시켜 호흡 곤란, 혈압 저하, 지각 및 운동 신경의 마비를 일으킨다.

먼저 입술, 혀끝, 사지 말단의 마비로 시작하여 두통, 구토가 일어나며 운동, 지각 등에 마비가 오기도 하고, 말초 혈관의 확장에 의한 혈압 저하, 마비에 의한 호흡 곤란을 일으킬 수 있다.

1. 복어의 중독 증상

① 제1도(중독의 초기)

먹은 후 20분부터 2~3시간 내에 입술 및 혀끝, 손끝이 둔해지고 가볍게 떨리며 저려 온다. 오심과 구토 증상이 일어나기도 하는데 이때에는 예후가 상당히 나쁘다. 보행이 술에 취한 것처럼 불편해진다.

② 제2도(불완전 운동 마비)

지각의 마비가 진행되어 이미 제1도에서 나타난 구토 전후까지 보행에 지장은 없을 정도이나 구토 후 급격하게 진척되어 곧 운동 불능이 된다. 언어 장애가 오고 호흡 곤란을 느끼게 되며, 혈압도 현저하게 떨어지나 의식은 뚜렷하다.

③ 제3도(완전 운동 마비)

완전히 운동 마비가 오고, 골격근은 이완하며, 운동과 발성 곤란이 되어 타인에게 자신의 의지를 전달할 수 없을 정도가 되며, 호흡 곤란과 혈압 강하가 매우 심해진다. 피부나 점막이 검푸르게 나타나는 상태가 되고, 반사 기능도 모두 상실하며, 의식이 혼탁해지기 시작한다.

④ 제4도(의식 소실)

의식이 불명해지고 대개는 호흡이 정지되어 사망한다. 복어 독에 중독되면 죽음 전까지 의식이 명확하지만 이 시기가 되면 혼탁이 매우 극심해지며 의식 불명이 된다. 의식 소실 후 바로 호흡이 정지하지만, 심장은 잠시 박동을 계속하다가 곧바로 정지한다.

2. 복어 독의 예방과 치료

복어 독을 예방하기 위해서는 반드시 내장과 독소를 제거한 식용 가능한 부분만 먹어야 하며, 복어 조리 기능사 자격증을 취득한 전문가가 복어를 다루도록 해야 한다.

또한 복어를 손질하고 남은 내장 찌꺼기들을 버릴 때에는 다른 쓰레기들과 구분해서 잘 묶은 후 버려야

한다. 만일 복어 독에 중독되었을 경우에는 즉시 병원으로 옮기고, 옮기기 전까지는 쌀뜨물이나 물을 많이 마셔 구토하게 하여 위 속에 남은 것들을 모두 제거하거나 이뇨 작용이 있는 녹차 등을 많이 마시도록 한다. 호흡 곤란이 올 때는 인공 호흡을 하고 불필요한 운동은 피해야 한다.

3. 복어 손질 방법

　복어 조리 기능사 시험에는 복어회와 복어맑은탕 단 2가지가 출제된다. 이 2가지를 60분 안에 완성해야 하므로 신속한 동작과 숙련도가 필요하며 조리의 순서가 정확해야 시간 안에 완성할 수 있다.

　"복어를 50마리 잡으면 떨어지고, 100마리 잡으면 붙는다."라는 말이 있듯이 공개된 문제이니만큼 수없이 반복 연습하여 완벽을 기할 수 있도록 한다.

복어 손질 과정

❶ 등지느러미를 자른다.

❷ 가슴지느러미를 자른다.

❸ 뒷지느러미를 자른다.

❹ 혀가 잘리지 않도록 입을 자른다.

❺ 칼 옆면으로 입을 쳐 준다.

❻ 윗니 사이에 칼을 넣어 자른다.

❼ 소금으로 문질러 씻는다.

❽ 머리 쪽을 향하여 껍질 쪽에 칼집을 넣어 준다.

❾ 꼬리 부분까지 칼집을 넣어 준다.

❿ 꼬리의 껍질 쪽에 칼을 넣어 껍질을 분리한다.

⓫ 칼로 꼬리 부분을 누르고, 왼손으로 껍질을 당겨 벗긴다.

⓬ 아가미 쪽에 칼집을 넣는다.

⓭ 아가미 밑부분까지 칼집을 넣어 머리와 분리한다.

⓮ 반대쪽 아가미에도 칼집을 넣는다.

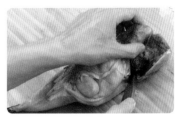
⓯ 머리 부분의 내장을 들어올린다.

⓰ 칼로 머리 부분을 누르고, 왼손으로 내장을 끝까지 들어올린다.

⓱ 칼로 머리 부분을 누르고, 왼손으로 내장을 당겨 분리한다.

⓲ 몸통에서 내장을 완전히 분리해 낸다.

⓳ 눈 안쪽에 손가락을 넣어 눈이 튀어나오도록 하여 잘라 내 터지지 않게 분리한다.

⓴ 복어의 머리를 자른다.

㉑ 잘라 낸 머리를 절반으로 자른다.

㉒ 머리뼈 속의 불순물을 제거한다.

㉓ 배꼽살 부분에 칼집을 넣는다.

㉔ 몸통에서 배꼽살을 분리해 낸다.

84 일식 · 복어 조리 기능사 실기

㉕ 살과 뼈 사이에 칼을 넣는다.

㉖ 칼을 눕혀 꼬리 쪽까지 칼집을 넣어 살을 분리한다.

㉗ 반대쪽 살도 분리한다.

㉘ 꼬리지느러미를 자른다.

㉙ 복어 뼈를 적당한 크기로 등분한다.

㉚ 살 옆의 불순물 및 지저분한 부분을 제거한다.

㉛ 껍질 쪽 부분의 살을 포 떠 횟감으로 준비한다.

㉜ 면포에 복어 살을 감싸 놓는다.

㉝ 칼로 혀 부분을 누르고, 아가미를 손으로 잡아당긴다.

㉞ 아가미와 내장을 완전히 분리해 낸다.

㉟ 갈비뼈 부분의 점막을 긁어낸다.

㊱ 껍질 안쪽 점막을 긁어내고 겉껍질에서 속껍질을 분리한다.

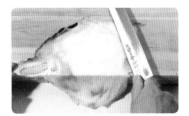
㊲ 도마에 겉껍질을 밀착시킨다.

㊳ 도마에 칼을 밀착시켜 겉껍질의 가시를 밀어 낸다.

㊴ 지느러미를 소금으로 비벼 씻는다.

국가기술자격 실기시험 답안지

자격종목 [1과제]	복어조리기능사 (복어부위감별)	비번호		감독위원 서 명	(인)

요구사항 [1과제] 제시된 복어 부위별 사진을 보고 1분 이내에 부위별 명칭을 답안지의 네모 칸 안에 작성하여 제출하시오. ⏱ 1분

❶ 눈(안구)

❷ 아가미

❸ 심장

❹ 신장(콩팥)

❺ 부레

❻ 비장

❼ 간(간장)

❽ 위(위장)

❾ 담낭(쓸개)

❿ 방광

난소

⓫ 정소

알

틀린 개수		개	득점		점

지급재료 목록

지급재료 목록		자격종목 [1과제]	복어조리기능사 (복어회, 복어껍질초회, 복어죽)		
번호	재료명	규격	단위	수량	비고
1	복어	700g	마리	1	
2	무		g	100	
3	생표고버섯	중	개	1	
4	당근	곧은 것	g	50	
5	미나리	줄기 부분	g	30	
6	실파	쪽파 대체 가능	g	30	2줄기
7	밥	햇반 또는 찬밥	g	100	
8	김		장	1/4	
9	달걀		개	1	
10	레몬		쪽	1/6	
11	진간장		mL	30	
12	건다시마	5×10cm	장	2	
13	소금	정제염	g	10	
14	고춧가루	고운 것	g	5	
15	식초		mL	30	

※ 국가기술자격 실기시험 지급재료는 시험종료 후(기권, 결시자 포함) 수험자에게 지급하지 않습니다.
  재료의 수급 상황에 따라 일부 지급재료가 변경될 수 있습니다.

복어회

ふぐのさしみ : 후구노사시미

복어회＋복어껍질초회＋복어죽

 요구 사항

[2과제] **소제와 제독작업을 철저히 하여 복어회, 복어껍질초회, 복어죽을 만드시오.**

1. 복어의 겉껍질과 속껍질을 **분리하여** 손질하고 **가시는 제거하시오.**

2. 회는 얇게 **포를 떠 국화꽃 모양으로** 돌려 담고, 지느러미·껍질·미나리를 곁들이고 초간장(폰즈)과 양념(야쿠미)을 따로 담아내시오.

3. 복어껍질초회는 껍질과 미나리를 **4cm** 길이로 썰어 폰즈, **실파·빨간무즙(모미지오로시)**을 사용하여 무쳐내시오.

4. 죽은 밥을 씻어 사용하고, 살은 가늘게 채 썰거나 뼈에 붙은 살을 발라내어 사용하고, 당근·표고버섯은 다지고, 뼈와 **다시마로 다시**를 만들고, 달걀은 완성 전에 넣어 섞어주고, **실파와 채 썬 김을** 얹어 완성하시오.

복어껍질초회

⏱ 55분

ふぐかわ すのもの : 후구카와 스노모노　복어회＋복어껍질초회＋복어죽

**요구
사항**

[2과제] 소제와 제독작업을 철저히 하여 복어회, 복어껍질초회, 복어죽을 만드시오.

1. 복어의 겉껍질과 속껍질을 분리하여 손질하고 가시는 제거하시오.

2. 회는 얇게 포를 떠 국화꽃 모양으로 돌려 담고, 지느러미·껍질·미나리를 곁들이고 초간장(폰즈)과 양념(야쿠
   미)을 따로 담아내시오.

3. 복어껍질초회는 껍질과 미나리를 4cm 길이로 썰어 폰즈, 실파·빨간무즙(모미지오로시)을 사용하여 무쳐내
   시오.

4. 죽은 밥을 씻어 사용하고, 살은 가늘게 채 썰거나 뼈에 붙은 살을 발라내어 사용하고, 당근·표고버섯은 다지고,
   뼈와 다시마로 다시를 만들고, 달걀은 완성 전에 넣어 섞어주고, 실파와 채 썬 김을 얹어 완성하시오.

복어죽

ぞうすい : 조우스이

🕐 55분

복어회＋복어껍질초회＋복어죽

**요구
사항**

[2과제] 소제와 제독작업을 철저히 하여 복어회, 복어껍질초회, 복어죽을 만드시오.

1. 복어의 겉껍질과 속껍질을 **분리**하여 손질하고 **가시**는 **제거**하시오.

2. 회는 얇게 **포**를 떠 **국화꽃 모양**으로 돌려 담고, 지느러미·껍질·미나리를 곁들이고 초간장(폰즈)과 양념(야쿠
   미)을 따로 담아내시오.

3. 복어껍질초회는 껍질과 미나리를 4cm 길이로 썰어 폰즈, 실파·빨간무즙(모미지오로시)을 사용하여 무쳐내
   시오.

4. 죽은 밥을 씻어 사용하고, 살은 가늘게 채 썰거나 뼈에 붙은 살을 발라내어 사용하고, 당근·표고버섯은 다지고,
   뼈와 다시마로 **다시**를 만들고, 달걀은 완성 전에 넣어 섞어주고, **실파**와 **채 썬 김**을 얹어 완성하시오.

복어회 만드는 법

1. 복어는 손질하여 횟감용 살을 포 뜬 후 연한 소금물에 30분 정도 담갔다가 건져 물기를 제거하고 마른 면포에 꼭꼭 감싸 놓는다 (83~85쪽 참고).

2. 복어 껍질은 속껍질과 겉껍질로 분리하여 겉껍질의 가시를 제거한다. 분리한 속껍질과 겉껍질을 소금으로 씻어 끓는 물에 살짝 데친 후 찬물에 식혀 물기를 닦아 놓는다.

3. 복어 꼬리 또는 가슴지느러미를 소금으로 문질러 씻은 후 접시에 펼쳐 놓고 회를 뜨는 동안 말려서 장식용으로 사용할 수 있도록 손질한다.

4. 미나리는 다듬어 줄기 부분을 5cm 길이로 썬다.

5. 1에서 손질해 두어 단단해진 복어 살을 껍질 부분이 바닥으로, 머리 부분이 안쪽으로 오도록 사선으로 도마 위에 놓는다.

6. 왼쪽 집게손가락을 쭉 펴서 복어 살을 누른 후 오른쪽은 약간 두껍고 왼쪽은 폭 2cm, 길이 6~7cm가 되도록 결과 반대 방향으로 종이처럼 얇게 회를 뜬다.

7. 회를 뜬 복어 살의 윗부분을 왼손 엄지손가락과 집게손가락 끝으로 눌러 주듯 살짝 잡고 접시 안에서 밖으로 끌어주듯 오른쪽부터 부채 모양으로 놓는다. 이때 살 가장자리가 살짝 겹치고 끝부분이 가운데로 모이도록 정확한 각도를 유지하며 시계 반대 방향으로 돌려 담는다.

8. 남은 복어 살을 뭉쳐서 접시 가운데 올려놓고 말려 둔 지느러미를 여기에 기대어 세운다.

9. 복어껍질은 데바칼을 사용하여 각각 3cm 길이로 곱게 채 썰고, 겉껍질 한 조각을 복어회 위에 갈매기 모양으로 펼친다.

10. 지느러미 앞쪽에 복어껍질들을 종류대로 모아 가지런히 담은 후 미나리를 그 가운데 줄 맞춰 담는다.

11. 폰즈와 야쿠미를 곁들여 낸다(만드는 법은 복어껍질초회 5~7 참고).

▲ 복어 살을 회 떠서 시계 반대 방향으로 돌려 담는다.

▲ 복어껍질을 가늘게 채 썬다.

▲ 복어껍질 사이에 미나리를 담는다.

정보

• 칼을 위에서 아래로 한 번에 당기는 기분으로 접시 바닥이 비칠 정도로 얇게 회를 뜬다.
• 접시 오른쪽에서부터 시계 반대 방향으로 회를 돌려 담고, 회를 한 접시 다 뜰 때까지 손에서 칼을 내려놓지 않는다.

복어껍질초회 만드는 법

1. 복어껍질은 가시를 제거한 상태로 끓는 물에 살짝 데친 후 찬물에 담가 식히고 물기를 제거한다.
2. 데쳐낸 복어껍질은 채 썰어 복어회에 일부 사용하고 남은 복어껍질은 4cm 정도의 길이로 채 썰어 놓는다.
3. 다시마는 찬물에 담갔다 한소끔 끓여 다시마국물을 만들어 놓는다.
4. 미나리는 잎을 제거하고 4cm 정도의 길이로 썰어 놓는다.
5. 실파는 다듬어 송송 썬 후 물에 살짝 헹궈 물기를 제거해 놓는다.
6. 무는 강판에 갈아 물기를 짜내고 고춧가루로 붉게 물들여 모미지오로시를 만든다.
7. 위의 모미지오로시와 실파의 1/3 분량은 깔끔하게 손질한 레몬과 함께 종지에 따로 담아 복어회의 곁들임용 야쿠미로 준비해 놓는다.
8. 다시마국물 2큰술, 진간장 2큰술, 식초 2큰술을 넣고 잘 섞어 폰즈를 만들고, 절반 분량은 따로 종지에 담아 복어회의 곁들임용 폰즈로 준비한다.
9. 복어껍질과 미나리, 모미지오로시, 남은 실파의 1/2 분량을 그릇에 담은 후 위의 폰즈 소스를 넣는다.
10. 양념이 골고루 배고 미나리가 부서지지 않도록 잘 무친 후 그릇에 담아낸다.

▲ 끓는 물에 복어껍질을 데쳐 찬물에 담가 식힌다.

▲ 복어껍질과 미나리, 모미지오로시, 실파를 한데 담고 폰즈를 넣는다.

▲ 복어껍질과 양념, 폰즈가 잘 섞이도록 무쳐낸다.

정보

- 복어회에도 폰즈와 야쿠미를 곁들여 내므로 각각 따로 만드는 것보다는 위에 제시된 양의 2배 정도로 넉넉히 만들어 따로 담아 준비해 놓고, 남은 폰즈와 야쿠미를 사용하여 복어껍질초회에 무쳐내는 것이 좋다. 즉 복어껍질, 미나리, 폰즈와 야쿠미는 복어회에도 사용되므로 준비하는 과정은 한꺼번에 하되 따로 나눠 사용하는 것이 효율적이다.

복어죽 만드는 법

1. 복어회를 뜨고 남은 자투리 살은 채 썰어 놓는다.

2. 냄비에 다시마와 손질한 복어 뼈를 담고 찬물을 4컵 정도 부어 끓기 시작하면 다시마는 건져내고 다시 한소끔 끓인다.

3. 위의 육수를 면포에 걸러 준비하고 뼈에 붙은 살을 발라 놓는다.

4. 생표고버섯은 기둥을 떼고 잘게 다지고, 당근도 생표고버섯과 같은 크기로 다진다.

5. 밥을 물에 담가 밥알이 하나씩 떨어지도록 살살 씻어 헹궈낸 다음 냄비에 담는다.

6. 여기에 1의 복어 살과 3의 발라 놓은 살을 같이 넣은 후 3의 육수를 붓고 끓인다.

7. 육수가 한소끔 끓어오르면 생표고버섯과 당근을 넣은 후 불을 줄이고, 나무 주걱으로 가끔씩 저어가며 끓인다.

8. 김은 살짝 구워 데바칼을 사용해 3cm 길이로 채를 썬다.

9. 죽에 소금으로 간을 한 후 그릇에 담고 채 썬 김과 실파를 가운데 얹어 낸다.

▲ 국물이 끓기 시작하면 다시마를 건져낸다.

▲ 밥을 물에 씻어 헹궈낸 후 건져낸다.

▲ 달걀을 넣으며 빠르게 저어준다.

정보

• 달걀을 넣으면 죽의 농도가 되직해지므로 약간 묽을 때 달걀을 넣어 적당한 농도가 되도록 한다.

• 죽이 너무 뜨거울 때 김을 얹으면 바로 오그라들고 눅눅해지므로 제출하기 직전에 김을 얹도록 한다.

일식·복어 조리기능사 실기

2014년 8월 30일   1판 1쇄
2023년 3월 10일   3판 1쇄

저자 : 박지형
펴낸이 : 이정일

펴낸곳 : 도서출판 일진사
www.iljinsa.com
(우)04317 서울시 용산구 효창원로 64길 6
대표전화 : 704-1616, 팩스 : 715-3536
이메일 : webmaster@iljinsa.com
등록번호 : 제1979-000009호(1979.4.2)

값 16,000원

ISBN : 978-89-429-1766-2